新媒体视野下大学生群体特性与网络素养教育创新

栾阿诗 著

河南大学出版社
HENAN UNIVERSITY PRESS
·郑州·

图书在版编目(CIP)数据

新媒体视野下大学生群体特性与网络素养教育创新／栾阿诗著. -- 郑州：河南大学出版社，2025.5.
ISBN 978-7-5649-6352-1

Ⅰ.TP393

中国国家版本馆 CIP 数据核字第 2025V695E0 号

新媒体视野下大学生群体特性与网络素养教育创新
XINMEITI SHIYEXIA DAXUESHENG QUNTI TEXING YU WANGLUO SUYANG JIAOYU CHUANGXIN

责任编辑	郑华峰
责任校对	陈 巧
封面设计	张田田

出版发行　河南大学出版社
　　　　　地址：郑州市郑东新区商务外环中华大厦 2401 号　邮编：450046
　　　　　电话：0371-86059715（高等教育与职业教育出版中心）
　　　　　　　　0371-86059701（营销部）
　　　　　网址：hupress.henu.edu.cn

印　刷	郑州尚品数码快印有限公司		
版　次	2025 年 5 月第 1 版	印　次	2025 年 5 月第 1 次印刷
开　本	710 mm×1010 mm　1/16	印　张	6.75
字　数	106 千字	定　价	45.00 元

（本书如有印装质量问题，请与河南大学出版社联系调换。）

前　言

在信息技术迅猛发展的今天,新媒体已成为人们日常生活中不可或缺的一部分。对于大学生群体而言,他们不仅是新媒体的使用者,更是其内容的创造者和传播者。新媒体的广泛应用深刻地改变了大学生的学习方式、交友模式和价值观念,促进了知识的传播与交流。

然而,随着新媒体的普及,网络环境中也逐渐出现了诸多问题,如信息过载、虚假信息、网络暴力等,这些问题对大学生的心理健康、学业发展以及社会适应能力都带来了挑战。因此,提升大学生的网络素养,培养其在新媒体环境中的适应能力与批判性思维,显得尤为重要。

本书从新媒体视野下大学生群体特性入手,对网络素养教育的理论基础、新媒体视野下大学生网络素养教育内容创新进行探讨,并深入探讨了新媒体视野下大学生网络素养教育方法创新。希望本书能够为读者在新媒体视野下大学生群体特性与网络素养教育创新方面的探索提供帮助。

本书在写作过程中参考和借鉴了一些学者的文献资料,在此向他们表示衷心的感谢!另外,由于本人水平有限加之时间仓促,不足之处请读者见谅。

栾阿诗
2025 年 1 月

目 录

第一章　新媒体视野下大学生群体特性 … 1
第一节　大学生群体的新媒体使用习惯与群体互动 … 1
第二节　新媒体环境下大学生网络行为特征 … 11
第三节　新媒体环境下大学生群体心理特征 … 19

第二章　网络素养教育的理论基础 … 27
第一节　网络素养的核心要素及其重要性 … 27
第二节　网络素养教育的目标与原则 … 34

第三章　新媒体视野下大学生网络素养教育内容创新 … 42
第一节　优化校园网络文化氛围 … 42
第二节　强化网络秩序伦理教育 … 49
第三节　深化网络安全意识教育 … 58
第四节　开设网络素养通识课程 … 66

第四章　新媒体视野下大学生网络素养教育方法创新 … 75
第一节　混合式教学模式在网络素养教育中的应用 … 75
第二节　情景模拟教学法在网络素养教育中的实践 … 81
第三节　翻转课堂在网络素养教育中的运用 … 88
第四节　项目式学习在网络素养教育中的推广 … 96

参考文献 … 102

第一章 新媒体视野下大学生群体特性

第一节 大学生群体的新媒体使用习惯与群体互动

一、大学生使用新媒体的频率与时间分配

(一)新媒体使用习惯与时间分配规律

在日常生活中使用新媒体已成为大学生的一种常态,平均使用时长可以反映出新媒体在其日常生活中的重要性。研究表明,大学生每天平均花费数小时在新媒体平台上,这些时间不仅用于获取信息和学习知识,也用于社交和娱乐活动。新媒体的高使用率说明其在大学生的生活中扮演着多重角色,是他们获取信息、交流思想和娱乐的重要渠道。通过对大学生使用新媒体习惯的分析,可以更好地理解大学生在新媒体环境下的生活方式和价值观。

不同新媒体平台的使用频率差异揭示了大学生对各类内容的偏好与需求。社交媒体平台因其即时性和互动性受到青睐,而视频平台则因其丰富的娱乐内容和学习资源吸引着大量用户。大学生在选择平台时,往往会根据自身的兴趣和需求进行选择。这种选择不仅反映了他们的个性化需求,也体现了他们获取信息的主动性和选择性。通过对平台使用频率的分析,可以更好地理解大学生在信息时代的行为模式和心理特征。

在学习、娱乐和社交等不同场景下,大学生的新媒体使用习惯呈现出多样化的特点。在学习场景中,大学生常利用新媒体平台获取学习资料、参与在线课程和讨论,而在娱乐和社交场景中,新媒体则成为他们放松和交流的重要工具。这种多样化的使用方式不仅反映了大学生对新媒体功能的深刻理解,也反映了他

们在不同生活情境中的角色转换能力。通过研究这些使用习惯,可以为新媒体教育的设计和实施提供有价值的参考。

大学生使用新媒体的高峰时段通常与他们的学习和生活节奏密切相关。早晨和晚间是大学生使用新媒体的两个高峰期,前者通常是为了获取当天的新闻和信息,后者则更多是为了娱乐和社交。这种时间分配规律说明了大学生在日常生活中对新媒体的依赖程度,以及他们如何在繁忙的学习生活中合理安排时间。通过对这些高峰时段的分析,可以更好地了解大学生的生活节奏和时间管理能力。

大学生对新媒体内容的选择标准反映了其信息筛选能力和兴趣导向。在海量信息面前,大学生往往会根据自身的兴趣和需求进行选择,关注那些与自身生活、学习或职业发展相关的内容。这种选择标准不仅体现了他们的信息鉴别能力,也反映了他们在信息社会中的自主学习和自我管理能力。通过对这些选择标准的研究,可以为新媒体内容的制作和传播提供指导,帮助其更好地满足大学生的需求。

(二)新媒体使用需平衡学习和娱乐的时间

随着数字技术的飞速发展,大学生群体在新媒体上的时间投入显著增加。新媒体的丰富内容和即时性使其成为大学生日常生活的一部分。然而,这种使用习惯也带来了时间管理的挑战。面对海量的信息和娱乐选择,大学生需要在学习和娱乐之间做出合理的时间分配,以避免学习时间的压缩和效率的降低。合理的时间分配不仅能增强大学生的学习效果,还能提升其娱乐体验,使其实现生活与学业的平衡。

新媒体的吸引力在于其多样化和互动性,这使大学生在学习与娱乐之间的选择变得复杂。社交媒体、视频平台及在线游戏等新媒体形式,以其即时反馈和高度互动的特性,常常在不经意间占据了大学生大量的时间。这样的时间投入可能导致学习时间被压缩,进而影响大学生的学习效率和结果。尤其是在学习过程中,社交媒体的即时通知和更新可能导致大学生分心。因此,大学生在使用新媒体时,需要加强自我管理,确保学习时间的充足和专注力的保持。

大学生对新媒体内容的偏好和选择标准也在一定程度上影响其学习内容的获取和娱乐活动的参与。不同的大学生在新媒体平台上表现出不同的兴趣和偏好,这不仅影响了他们的娱乐选择,也影响了他们学习内容的获取方式。一方面,新媒体可以帮助大学生获取学习资料;另一方面,新媒体的娱乐功能可能导致大学生在获取知识时分心。因此,大学生在使用新媒体中,需要明确学习与娱乐的界限,合理选择适合的内容,进行有效的学习和适当的娱乐活动。

新媒体使用时间的分配会影响大学生的生活品质和心理健康。过度沉迷于新媒体可能导致生活节奏的紊乱和心理压力的增加。因此,大学生在使用新媒体时,应进行合理的时间规划与调整,确保在学习、娱乐和休息之间找到平衡。通过制定科学的时间管理策略,大学生能够更好地利用新媒体,提高学习效率,丰富课余生活,同时形成良好的心理健康状态。这种平衡不仅影响大学生个人的学业表现,也影响其整体的生活质量和未来的发展方向。

二、多平台使用与跨平台互动特征

(一)多平台信息共享与传播模式

大学生通过使用多种新媒体平台实现信息的高效共享和传播。这种多平台的信息共享不仅拓宽了大学生的知识面,还显著促进了他们之间的知识交流。通过不同平台的结合,大学生能够更快地获取各类学习资源,提高了学习效率。此外,各平台的信息传播模式各具特色,大学生可以根据内容的特性选择合适的传播渠道。

多平台信息共享显著促进了大学生之间的知识交流,提高了学习资源的获取效率。多样化的平台让大学生可以分享各自的学习心得、学术资源和生活经验,这种互动不仅拓宽了他们的视野,还提高了资源的利用效率。通过群组讨论、在线论坛和虚拟学习社区,大学生能够在不受时间和空间限制的情况下进行深度交流。这种信息的流动和资源的共享,不仅促进了知识的传播和创新,也为大学生的自主学习提供了强有力的支持。

不同的新媒体平台各有其独特的功能和用户群体,大学生可以根据内容的特性及传播的目的,灵活选择合适的平台进行信息发布和交流。通过这种有针对性的传播策略,大学生不仅能够提高信息的传播效率,还能更好地实现信息的精准投放和受众的有效覆盖。

(二)跨平台社交与互动行为分析

在当今数字化时代,大学生普遍使用多种社交媒体平台进行沟通与交流。这种行为的多样性反映了大学生在不同社交环境中的适应能力与灵活性。他们能够在不同平台之间自由切换,灵活运用平台特性进行信息传播和社交互动。这种适应能力不仅体现在对新技术的掌握上,还体现在对不同社交文化的理解与应用上。

大学生在跨平台互动中展现出的社交策略会影响其人际关系的建立与维护。通过不同平台的使用,大学生能够接触到更广泛的社交网络,并利用这些网络资源来丰富自己的社交生活。他们往往会根据不同平台的特性和受众特点,调整自己的交流方式和内容,从而实现更有效的人际沟通。这种策略性行为不仅能帮助大学生拓展其社交圈,还能提高其在不同社交场合中的表现力和影响力。

跨平台社交行为对大学生的情感表达方式产生了深远的影响,促进其形成了多元化的沟通风格。在不同的平台上,大学生可以通过文字、图片、视频等形式进行情感表达,这不仅丰富了他们的表达手段,也使他们的情感交流更加立体和生动。多样化的表达方式不仅能够使大学生更加准确地传达自己的情感和观点,也能提升其情感表达的能力。这种多元化的沟通风格在一定程度上反映了现代大学生开放和包容的心态。

跨平台互动的频繁性推动了大学生的社交技能发展,提升了其团队合作能力。通过频繁的跨平台交流,大学生不仅提高了自己的沟通技巧,还在协作中锻炼了团队合作能力。在不同平台上,大学生需要与来自不同背景的人进行交流与合作,这种跨文化的互动体验有助于培养其全球视野和跨文化沟通能力。此外,跨平台互动还为大学生提供了更多的合作机会,使他们能够在团队中发挥自己的特长,提升团队的整体效能。

(三)多平台使用对个性化信息流的影响

多平台使用对个性化信息流的影响在于它显著改变了大学生获取信息的方式,使他们能够接触到更广泛的个性化内容。通过在多个平台上交流互动,大学生可以根据自身的兴趣和需求选择性地获取信息,从而提升信息获取的针对性和有效性。每个平台都有其独特的内容和用户群体,这使大学生能够在不同的环境中获得多元化的视角,丰富知识储备并提升认知能力。这种多样化的信息获取方式不仅满足了大学生个性化的信息需求,也为他们提供了更为广阔的视野。

不同平台的算法推荐机制在大学生的信息流中扮演着重要角色。这些算法通过分析用户的行为数据,预测用户的兴趣,从而推送符合个人兴趣和需求的内容。对于大学生而言,这意味着他们接收到的信息流更具个性化,内容更贴合个人的学习和生活需求。然而,这种算法推荐机制也可能导致信息茧房的形成,使大学生接触到的内容过于单一。因此,大学生需要具备一定的媒介素养,以识别和突破算法带来的信息局限,确保信息获取的多样性和全面性。

多平台的交互性增强了信息流的动态性,使大学生能够实时调整信息获取策略以适应变化的需求。随着新媒体技术的发展,大学生可以通过即时通信、社交媒体和其他在线平台实时获取和分享信息。这种动态的信息流不仅提高了信息的时效性,也使大学生能够更加灵活地应对信息环境的变化。在快速变化的信息社会中,大学生需要具备快速反应和调整策略的能力,以便在信息流中保持主动并获取最有价值的信息。

跨平台使用提升了大学生主动管理信息流的能力,使其能够更加有效地筛选和整合来自不同平台的信息。通过在多个平台上交流互动,大学生可以比较和分析来自不同渠道的信息,从而形成更为全面和客观的观点。这种主动管理信息流的能力有助于培养大学生的批判性思维。在信息爆炸的时代,大学生不仅要学会获取信息,还要学会如何筛选、整合和应用信息,以提升自身的学术素养和职业竞争力。

(四)多平台服务整合与大学生生活便利性

通过整合不同平台的服务,大学生能够享受到一站式的生活管理解决方案,这极大地简化了日常事务的处理流程。无论是学术任务的安排,还是日常生活的管理,多平台服务的整合使信息的获取和处理变得更加高效。大学生不再需要在不同的平台之间频繁切换,节省了大量的时间和精力,使他们能够更加专注学习和个人发展。

通过多平台服务的整合,大学生实现了信息的集中管理,这极大地提高了时间利用效率。大学生能够在一个平台上同时获取学术信息、社交动态和娱乐资源,降低了在不同平台之间切换的时间成本。这种集中管理的模式不仅提高了效率,还能帮助大学生更好地规划和管理自己的时间,使他们能够在繁忙的学业中找到更多的空闲时间进行自我提升和休闲活动。

多平台服务的整合提升了大学生的生活便利性,使他们能够更轻松地获取学习、社交、娱乐等方面的资源。这种便利性提升了大学生的整体生活质量,使他们能够更加从容地应对学业压力和生活挑战。通过整合后的平台,大学生可以更快速地找到所需要的信息和资源,无论是学术资料的查找,还是社交活动的参与,都变得更加便捷和高效。

整合后的多平台服务能够根据大学生的个性化需求,提供定制化的推荐和服务,这促进了个性化的生活方式和学习习惯的形成。个性化的推荐不仅能够使大学生更好地发现自己的兴趣和爱好,还能帮助他们在学习和生活中找到最适合自己的方式。通过这种个性化的服务,大学生能够更有效地管理自己的学习和生活,逐步形成独特的个性化生活方式和学习习惯。

三、新媒体社交网络对大学生群体关系的影响

(一)线上社交增强群体互动

线上社交平台为大学生提供了广泛的社交网络,使他们能够突破地域和背景的限制,与全世界的同龄人建立联系。这种多元化的交流不仅丰富了他们的社交经验,也促进了他们文化理解和包容能力的提升。通过这些平台,大学生可以轻松地接触到全球范围内的思想和观点,拓宽视野。这些平台也为大学生提供了一个展示自我和表达观点的舞台,使他们能够在多元文化的碰撞中找到自己的位置,塑造独特的个人魅力。

通过线上社交互动,大学生能够积极参与各种主题的讨论和活动,从而增强参与感和归属感。新媒体平台提供了多样化的讨论空间,从学术研究到兴趣爱好,大学生可以根据自己的兴趣选择参与。同时,线上社交的便捷性极大地降低了参与活动的门槛,大学生可以随时随地加入讨论。这种参与不仅提升了他们的社交能力,还促进了知识的共享和思想的碰撞,进一步激发了他们的创新思维,提升了他们批判性思考的能力。

线上社交的互动性增强了大学生之间的情感联结。这些平台提供了即时通信和互动的功能,使大学生能够在学习生活中相互支持和鼓励。无论是学术上的合作,还是生活中的关怀,线上社交都为大学生提供了便捷的沟通渠道。这种情感联结不仅能缓解他们在学业和生活中的压力,还能增强他们的心理韧性,为他们的成长和发展提供坚实的后盾。

线上社交为大学生提供了一个表达自我和展示个人兴趣的平台,促进了个性化社交方式和人际关系的发展。在这些平台上,大学生可以根据自己的兴趣和特长选择加入不同的社群,分享自己的见解和作品。这种个性化的社交方式使他们能够在展示自我的同时,找到志同道合的朋友,形成基于共同兴趣的社交圈。这不仅能促进他们的个人成长和发展,还能在多样化的社交环境中培养他们的领导力和团队合作能力。

(二) 社交媒体对群体动态的影响

社交媒体的普及使信息流动速度显著加快,大学生能够更高效地分享知识和经验。这种加速的信息流动不仅提高了个人学习的效率,也增强了群体学习的协同效应。然而,这种快捷的信息传递可能导致信息过载,大学生在面对大量信息时,可能会出现选择性接收的倾向,从而影响他们对信息的全面理解。

社交媒体的互动性对大学生群体有着重要的影响。通过点赞、评论、分享等功能,大学生之间的情感联系得到加强。他们在社交网络中能够更容易地找到志同道合的朋友,增强了归属感和支持感。这种增强的情感联系有助于缓解大学生在学业和生活中遇到的压力,提高其心理健康水平。然而,过度依赖线上互动可能削弱大学生面对面交流的能力,影响其现实社交技能的发展。

社交媒体的算法推荐机制对大学生的社交动态产生了深远影响。社交媒体根据用户的兴趣和行为模式推荐内容,虽然提高了使用体验,但也可能导致信息茧房的形成,限制了视野的多样性。大学生在这样的环境中,容易被同质化的信息包围,缺乏对不同观点的接触和理解。这种现象可能导致思维的固化,不利于批判性思维和创新能力的培养。

即时反馈是社交媒体的另一显著特性,对大学生的行为和态度有着潜移默化的影响。即时的点赞和评论使大学生在群体互动中更容易受到他人意见的左右,可能导致其做出迎合群体意见的行为。这种现象在一定程度上削弱了个体的独立思考能力,大学生在表达观点时可能更倾向于群体认可的立场,而非自己真实的想法。因此,在享受社交媒体带来便利的同时,大学生需要警惕其潜在的影响。

四、网络社交中群体行为与价值观念的共建

(一) 网络社交中群体互动的行为规范

在信息时代,大学生群体作为网络社交的活跃参与者,其互动行为直接影响

网络环境的质量与氛围。网络社交中群体互动的行为规范是维护良好交流秩序的基础。

1. 遵循基本的礼仪和道德准则

尊重他人是网络互动的核心原则，这不仅包括避免人身攻击和恶意评论，还包括对不同观点的包容和理解。通过营造互相尊重的氛围，大学生能够在网络社交中更好地交流思想，分享知识，从而实现群体内的和谐共处。

2. 重视信息的真实性

大学生作为信息传播的重要主体，必须重视信息的真实性，避免成为虚假信息和谣言的传播者。健康的信息传播环境需要每一个参与者的自觉维护。大学生应在分享信息前进行充分的核实，以确保信息的准确性和可靠性。通过积极的态度和负责任的行为，大学生可以在网络社交中促进真实信息的流通，抵制不实信息的扩散，从而维护网络空间的清朗与健康。

3. 积极参与和互动

大学生应主动分享个人观点和经验，这不仅有助于自身的成长，也有助于群体内的知识交流与合作。通过参与各种网络讨论和活动，大学生可以拓宽视野，提升批判性思维能力。积极的互动行为还能够激发群体的创新思维，推动大学生在网络社交中形成积极向上的价值观念，成为网络文化建设的中坚力量。

4. 注重隐私保护

大学生在享受网络社交便利的同时，必须具有适度的隐私保护意识。合理选择分享的内容，避免过度暴露个人信息，是确保个人安全和信息安全的关键。大学生应提高对隐私保护的认识，谨慎对待个人信息的公开和传播，防止隐私泄露和不必要的风险。通过增强隐私保护意识，大学生可以更安全地参与网络社交活动，维护自身和他人的权益。

5. 倡导包容和理解的社交态度

大学生在网络社交中应接纳不同的观点和文化背景,这不仅有助于自身的全面发展,也有助于群体多样性的提升。通过包容和理解,大学生能够在网络社交中建立起更为广泛和深刻的联系,推动跨文化交流与合作的深入开展。在多元化的网络环境中,大学生应成为积极的沟通者和合作的推动者,为构建和谐的网络社交环境贡献力量。

(二)社交媒体对价值观一致性的推动

在现代大学生的生活中,社交媒体不仅是信息获取和交流的平台,也是价值观一致性的重要推动者。通过社交媒体,大学生能够在共同兴趣和价值观的基础上进行深度交流,这种互动不仅增强了群体内的认同感,还促进了价值观念的共建。社交媒体的互动功能,使大学生可以实时分享自己的观点和经验,这种即时性和互动性在无形中推动了价值观的一致性。在这个过程中,大学生能够通过相互的交流和反馈,逐渐形成对某一价值观的共同认可。

社交媒体的算法推荐机制在无形中影响着大学生的价值观。通过分析用户的兴趣和行为数据,社交媒体平台倾向推送与用户已有价值观相似的内容。这种算法推荐机制在一定程度上加深了大学生对特定价值观的认同,因为他们接触到的信息大多与其已有的观念相符,从而减少了他们与不同价值观的接触机会。这种信息的同质化传播,使大学生在某些价值观上形成了较为一致的态度。

社交媒体上的社群和圈子为大学生提供了一个支持和鼓励的环境,这种环境有助于他们价值观的共同发展。在这些社群中,大学生不仅能够分享自己的观点,还能够获得来自他人的支持和共鸣。这种相互支持的关系,增强了个体在群体中的归属感和认同感,从而提升了价值观的一致性。通过参与这些社群活动,大学生能够在相似的价值观基础上,形成更为紧密的社交网络,这种网络关系进一步巩固了价值观的一致性。

社交媒体的传播特性,使大学生更容易接触到一致的价值观,这种信息的广泛传播降低了价值观念的多元化风险。通过社交媒体,大学生能够迅速获取与其价值观一致的资讯和观点,这种信息的快速传播和广泛覆盖,使大学生在价值观念上更加趋于一致。这种一致性在一定程度上有助于提升群体的稳定性和凝聚力,但同时可能限制个体对不同价值观的接纳和包容。

第二节　新媒体环境下大学生网络行为特征

一、大学生网络社交行为特征

(一)虚拟社交关系的动态特性

虚拟社交关系的建立依赖在线互动的频率和质量,大学生通过定期的交流和互动来维持和深化彼此的关系。在新媒体环境下,大学生的网络社交活动频繁,互动的即时性和多样性使他们能够在短时间内迅速建立和调整社交关系。这种关系的动态特性不仅体现在互动的频率上,还体现在互动的质量上。通过高质量的互动,大学生可以在虚拟环境中建立起深厚的情感连接,这种连接在某种程度上能够替代现实生活中的社交需求。

虚拟社交关系具有灵活性,大学生可以根据个人需求和环境变化随时调整社交圈和互动方式。新媒体平台的多样性为大学生提供了丰富的选择,他们可以根据自身的兴趣和需求选择不同的平台进行互动。这种灵活性使他们能够灵活应对生活中的变化,如学业压力或生活环境的改变。同时,大学生在不同平台上的社交圈可能存在重叠和交叉,这进一步增强了虚拟社交关系的复杂性和灵活性。在这种环境下,大学生能够更好地管理和优化自己的社交网络,以适应不断变化的个人需求和社会环境。

虚拟社交关系的维持与社交媒体平台的算法推荐密切相关,算法的变化可能影响大学生的社交动态和关系稳定性。社交媒体平台通过算法推荐为用户提供个性化的内容和社交建议，这在一定程度上影响了大学生的社交行为和关系维持。算法的变化可能导致信息流的变化，从而影响大学生的社交动态和关系稳定性。在这种背景下，大学生需要具备一定的网络素养，以更好地理解和利用新媒体平台的特性来维护和发展自己的虚拟社交网络。

（二）网络表达与自我呈现的多样化

随着新媒体技术的发展，大学生在社交媒体上能够使用多种表达方式，如文字、图像和视频等。这些丰富的表达手段不仅增强了个人信息的呈现效果，还使信息传递更加生动和立体。文字表达可以通过细腻的描述传递思想，而图像和视频则能够直观地展示生活的片段和情感的复杂。这种多样化的表达方式使大学生能够更全面地展现自我，满足其在网络社交中的多样化需求。

在网络表达中，大学生常常利用幽默、情感和故事叙述等策略，增强与受众的情感共鸣和互动。幽默可以拉近与受众的距离，营造轻松的交流氛围，而情感的表达能够激发受众的共鸣和互动欲望。通过故事叙述，大学生可以将个人经历与受众的生活体验相结合，创造出更具吸引力和感染力的内容。这些策略不仅丰富了网络表达的形式，也提升了大学生在社交媒体中的影响力和参与度。

自我呈现的多样化使大学生能够在不同社交平台上调整表达风格，以适应特定社群的文化和价值观。在不同的平台上，大学生可以根据平台的特性和受众的偏好，选择不同的表达方式和内容。例如，在专业社交平台上，大学生可能更倾向于展示学术成就和职业技能，而在娱乐性较强的平台上，则可能更注重生活趣事和个人爱好。这种灵活的自我呈现策略，不仅有助于大学生在多元化的网络环境中找到自己的定位，也有助于提升他们在不同社群中的适应能力和社交影响力。

（三）群体影响下的网络行为变迁

大学生在网络社交平台上的行为不仅受个体因素的影响，还受群体文化的影响。群体互动对大学生网络行为的影响，导致其在社交平台上更倾向参与群体活动,形成以群体为中心的互动模式。这种模式不仅改变了大学生的社交行为,也在一定程度上影响了他们的社交动机和社交内容。群体活动的参与性和互动性使大学生的网络行为更加多样化和复杂化,这反映出新媒体环境下群体影响力的增强。

大学生在网络行为中表现出对群体意见的依赖,这种依赖性可能导致其个人观点呈现趋同现象,影响其独立思考能力。群体意见往往在社交媒体上形成一种无形的压力,使大学生在表达个人观点时更倾向于与群体保持一致,以避免被孤立或排斥。这种现象在一定程度上阻碍了大学生的批判性思维和创新性思维的培养。群体意见的趋同也可能导致信息传播的单一化和同质化,影响信息的多样性和真实性。

社交媒体中的群体文化影响了大学生的在线行为,使其在互动中更注重群体认同和归属感。大学生通过参与群体活动和接受群体文化的熏陶,逐渐形成了特定的行为模式和价值观念。这不仅体现在语言和交流方式上,还体现在价值观和态度上。群体认同感的增强使大学生在网络互动中更愿意分享个人信息和观点,从而拓展了社交互动的深度和广度。然而,这种群体文化也可能导致个体差异的消失,影响大学生的个性发展。

群体影响促使大学生在网络表达中采用更为统一的语言和风格,增强了社交互动的亲密感与质量。大学生在网络交流中通过模仿和学习群体成员的语言习惯和表达方式,逐渐形成了特有的交流风格。这种统一的语言和风格不仅增强了群体内部的亲密感和凝聚力,也提高了互动的效率和质量。然而,过于统一的表达方式也可能限制个体的创造性表达,影响其语言能力的发展。因此,在新媒体环境下,如何平衡群体影响与个体发展的关系,成为大学生网络行为研究的重要课题。

二、大学生网络学术活动与信息获取模式

(一)在线平台改变学术资源获取方式

在线平台的兴起改变了大学生获取学术资源的方式。通过这些平台,大学

生能够便捷地访问海量的电子书、期刊和研究报告,这些资源不仅丰富了他们的学习内容,也满足了他们多样化的学习需求。由于传统的图书馆资源有限,在线平台的出现为学术资源的获取开辟了新的途径,极大地拓展了大学生获取知识的边界。

在线平台具有互动功能。通过这些功能,大学生可以与教师和同学进行实时的讨论和交流。这种互动不仅促进了学术交流与合作,也为大学生提供了一个多元化的学习环境,使他们能够在讨论中碰撞出新的思想火花。实时互动的特性使学术讨论不再受时间和空间的限制,这在很大程度上提高了大学生的学习体验和学术参与度。

在线平台提供了搜索与筛选学术资源的工具。这些工具使大学生能够快速找到自己需要的相关信息,从而显著提高了学习效率。在面对海量信息时,如何有效地筛选出有用的信息是大学生面临的一大挑战,而在线平台提供的搜索与筛选功能正是解决这一问题的有效手段。这种高效的信息检索方式不仅节省了时间,也为大学生的深度学习提供了保障。

在线平台的个性化推荐系统吸引了大学生的参与。通过分析用户的学习偏好,这些系统能够为大学生推荐适合他们的学术资源。这种个性化的学习体验不仅提高了学习的针对性和有效性,也激发了大学生的学习兴趣,提升其自主学习能力。个性化推荐系统的使用,使大学生能够在海量资源中发现最适合自己的学习材料,从而优化了学习过程。

在线平台支持跨学科的知识整合,这为大学生提供了进行多元化学术探索的机会。通过接触不同学科的知识,能够培养大学生的创新思维和综合能力。这种跨学科的学习方式不仅使大学生在学术研究中获得新的视角,也鼓励他们在知识的交汇处进行创新探索。在线平台的这一特性为培养具有创新能力和跨学科思维的大学生提供了良好的支持。

(二)数字化学习材料与知识共享模式

数字化学习材料的多样性极大地激发了大学生的学习兴趣。这些材料包括电子书、在线课程、视频讲解等,能够满足不同学习者的需求和偏好。这种多样性不仅丰富了学习资源,也营造了主动学习的氛围,使大学生在学习过程中更加积极主动。数字化学习材料的使用,改变了传统纸质材料的局限,使大学生能够在学习过程中获得更丰富的知识体验,从而激发了他们的学习热情。

通过在线平台的互动功能,大学生能够实时交流和讨论。这种互动不仅限于同班同学,还可以扩展到不同院校,甚至不同国家的大学生之间。这种广泛的交流与合作,增强了学术合作的效果,使大学生能够在多元化的视角下进行学术探讨和研究。通过知识共享,大学生可以获得更多的反馈和建议,从而不断完善自己的学术成果。

数字化学习材料的可访问性是其一大优势,大学生能够随时随地获取所需的信息。这种便利性极大地提升了学习的灵活性和便捷性,使大学生不再受限于固定的时间和地点。无论是在图书馆、宿舍,还是在校外,大学生都可以通过数字化手段轻松获取学习资源。这种可访问性不仅提高了学习效率,也为大学生自主安排学习计划提供了可能。

在线平台的知识共享促进了跨学科的学习,鼓励大学生在不同领域之间进行知识的整合与应用。这种跨学科的学习方式,打破了传统学科之间的壁垒,使大学生能够在更广阔的知识背景下进行思考和创新。通过跨学科的学习,大学生可以将不同领域的知识进行整合,形成新的观点和见解,从而提升创新能力和综合素养。

数字化学习材料与知识共享模式的结合,推动了学习资源的更新与创新。这种结合不仅提升了教育质量与效果,也为教育工作者提供了新的教学思路和方法。通过不断更新的学习资源,大学生能够接触到最新的知识和技术,保持学习的前沿性。知识共享模式的应用,也为教育资源的创新提供了广阔的空间,使教育质量不断提升。

(三)网络空间中的学术交流与合作

在当代新媒体环境中,大学生的学术交流与合作通过网络空间得到了极大的拓展。网络空间中的学术交流与合作,正成为大学生获取知识和进行学术互动的重要途径。在线平台的普及使大学生能够突破地域限制,与全球学者进行实时交流与合作。这种跨地域的学术合作,不仅拓宽了大学生的国际视野,还为其提供了更加多元的学术资源和研究机会。

在线学术论坛和讨论组的广泛应用,为大学生提供了一个分享研究成果且获取反馈的开放平台。在这些论坛中,大学生可以发布自己的研究发现,参与学术讨论,并及时获得来自同行的意见和建议。这种互动性拓展了学术交流的深度和广度,使大学生不仅能在学术上得到提升,还能培养批判性思维和沟通能力。这种开放的学术环境也激发了大学生的创新思维,鼓励他们在学术研究中进行大胆的尝试和探索。

学术社交媒体平台的兴起,使大学生能够更加便捷地关注领域内的最新研究动态。这些平台提供了丰富的信息资源,大学生可以通过关注学术专家、订阅学术期刊和参与在线研讨会等方式,及时获取最新的研究成果和学术资讯。这种信息获取的及时性和有效性,帮助大学生保持了学术研究的前沿性,提高了他们在学术领域的竞争力。

数字化协作工具的使用,使大学生能够高效地开展团队项目。这些工具不仅提高了团队沟通的效率,还促进了知识的共享和集体智慧的发挥。在数字化环境中,大学生可以通过在线协作软件共同编辑文档、进行数据分析和设计项目计划,从而实现高效的团队合作。这种协作方式,不仅提高了大学生的团队协作能力,还培养了他们的组织和管理能力。

网络空间中的学术活动促进了多学科交叉合作。大学生在不同学科领域之间进行交流与合作,可以激发创新性思维的碰撞。这种多学科的合作,为大学生提供了更全面的视角和方法论,使他们能够在学术研究中进行更加全面和深入的探索。通过网络平台,大学生可以轻松接触到不同学科的专家和资源,从而在学术研究中实现跨学科的创新和突破。

三、大学生线上娱乐与消费行为倾向

(一)数字娱乐消费的多样化趋势

大学生在数字娱乐消费中,表现出对多样化内容形式的偏好,如短视频、直播和在线游戏。这些形式不仅能够满足他们不同的娱乐需求,还能提供丰富的选择以适应其多变的兴趣和爱好。在新媒体迅速发展的背景下,短视频平台及直播平台已经成为大学生日常生活中不可或缺的一部分。这些平台通过其高度互动性和即时性,吸引了大量大学生用户,使他们能够在繁忙的学业之余,享受轻松愉悦的娱乐体验。

新媒体平台的互动特性进一步增强了大学生在数字娱乐消费中的社交体验。大学生在数字娱乐消费时,往往倾向于与朋友一起参与在线活动,这种社交互动不仅包括观看和评论,还包括通过游戏组队、直播互动等方式与他人建立联系。通过这些平台,大学生能够打破地理和时间的限制,与志趣相投的朋友进行深度交流和互动。这种社交体验的增强,使数字娱乐消费不仅是一种个人行为,更成为一种群体活动,促进了大学生之间的社交联系和情感交流。

数字娱乐消费的个性化趋势也日益明显。大学生通过新媒体平台的算法推荐,能够获取符合个人兴趣的内容,从而提升观看和参与的满意度。算法推荐技术的进步,使内容的呈现更加精准和个性化,大学生可以根据自己的兴趣爱好,选择观看和参与最符合自身需求的内容。这种个性化的消费体验,不仅提高了大学生对平台的黏性,也推动了平台内容的多样化和创新,满足了大学生不断变化的娱乐需求。

大学生在数字娱乐消费中,通过积极参与和订阅,表现出对内容创作者的支持。这种支持不仅反映了大学生对优质内容的认可,也推动了内容创作的多样化与创新。通过订阅,大学生不仅能够鼓励内容创作者持续产出高质量内容,还能够与创作者建立更紧密的互动关系。这种互动关系的建立,不仅增强了大学生的参与感和归属感,也促进了数字娱乐产业的良性发展,推动了新媒体环境下内容生态的不断优化和完善。

(二) 虚拟商品与服务的消费偏好

在新媒体环境下,大学生对虚拟商品的消费偏好日益显著,尤其体现在对个性化和定制化内容的需求上。这种偏好在游戏道具和虚拟服饰等方面尤为明显,反映出大学生在自我表达与身份认同上的重视。他们通过购买和使用这些虚拟商品,来展示个人的独特性与风格,这种消费行为不仅是一种娱乐方式,更是一种自我表现的途径。随着虚拟商品的种类和可选择性不断增加,大学生的消费行为也在不断变化和发展。

虚拟服务的消费趋势显示出大学生的独特倾向,他们更倾向选择能够提供即时反馈和沉浸体验的服务。这种趋势在在线课程和虚拟现实体验中尤为明显,满足了大学生对学习与娱乐的即时需求。这种消费行为不仅反映了大学生对新技术的接受度,也体现了他们对效率和体验的重视。

社交媒体平台在大学生虚拟商品和服务的消费中扮演着重要角色。通过精准营销策略,这些平台能够有效吸引大学生的注意力,利用平台社交属性和用户评价来增强他们的购买意愿。广告的个性化和互动性使大学生更容易受到影响,从而促进消费行为的形成。这种营销策略的成功不仅与技术的进步相关,也与大学生对社交媒体的高度依赖密切相关,从而进一步推动了虚拟商品和服务市场的发展。

大学生对虚拟商品和服务的消费偏好也受到社交互动的显著影响。许多大学生倾向与朋友分享购买体验,这种行为不仅增强了群体的参与感,也符合社交消费的趋势。在这种消费模式下,大学生不仅是消费者,也是信息的传播者,他们通过社交网络分享体验和评价,从而影响他人的消费决策。这种社交消费的趋势在一定程度上改变了传统的消费模式,反映了新媒体时代消费行为的复杂性和多样性。

第三节 新媒体环境下大学生群体心理特征

一、新媒体环境对大学生心理发展的影响分析

(一)心理健康与新媒体使用的关联性

新媒体的使用频率与大学生的心理健康之间存在显著关联。研究表明,过度使用社交媒体可能产生焦虑和抑郁等心理问题。这种现象在新媒体时代尤为突出,大学生在虚拟世界中花费大量时间,可能忽视了现实生活中的情感交流和心理健康管理。社交媒体平台的设计通常鼓励用户长时间在线,而过度使用可能导致大学生心理疲惫,进而影响心理健康。

社交媒体上的负面互动,如网络暴力和负面评论,会对大学生的心理状态产生负面影响。许多大学生在社交媒体上遭遇网络暴力时,往往会感到无助和孤立,这可能导致他们的自尊心受损,并引发一系列心理健康问题。负面的社交体验不仅影响大学生的情绪状态,还可能对其学业和人际关系产生影响。

新媒体提供的即时反馈机制可能导致大学生产生社交比较心理,影响其自我认同感和心理健康。在社交媒体上,大学生容易进行自我与他人的比较。这种社交比较心理可能导致大学生自我认同感的降低,进而影响其心理健康。大学生在新媒体平台上塑造的自我形象往往与现实生活中存在差异,这种差距可能导致身份认同的困惑和心理压力增加。

在新媒体环境中,过度依赖网络社交可能导致大学生在现实生活中的人际交往能力下降,影响其心理适应能力。大学生在新媒体平台上进行的互动往往是即时且碎片化的,这种互动方式可能削弱他们在现实生活中进行深度交流和建立稳固人际关系的能力。随着时间的推移,这种依赖虚拟社交的倾向可能导致大学生在面对现实生活中的社交场景时感到不适应,影响其心理适应能力和

整体心理健康。

新媒体中的信息过载现象可能导致大学生出现决策疲劳和心理压力,影响其整体心理健康状态。大学生在新媒体平台上接收到的信息量巨大且复杂,面对如此庞大的信息流,他们常常感到无所适从。过量的信息不仅增加了决策的难度,还可能导致心理压力的增加。长期处于信息过载的状态下,大学生可能会感到疲惫和焦虑,进而影响学习效率和生活质量。

(二)新媒体对情绪调节与压力管理的影响

新媒体平台为大学生提供了丰富的情绪表达渠道,通过社交媒体分享和倾诉个人情感,大学生得以减轻心理压力。这种情绪表达的便利性,使大学生在面临情感困扰时,能够迅速寻找到倾诉的对象,从而在一定程度上缓解了内心的焦虑与不安。新媒体不仅为大学生的情绪表达提供了平台,还通过在线心理支持与咨询服务,为大学生的情绪调节提供了专业的建议与辅导。这些服务的普及,使大学生能够在任何时间、任何地点获得心理支持,帮助他们在情绪低落时获得及时的心理疏导与建议。

新媒体的互动性进一步促进了大学生之间的情感支持网络的形成。这种互动性不仅增强了同伴之间的理解与共鸣,也为大学生提供了互相支持和鼓励的环境,有助于情绪管理的实现。在新媒体平台上,大学生可以通过评论、点赞和分享等方式,表达对彼此的支持和理解,从而在情感上形成良好的支持系统。短视频和直播等新媒体形式也为大学生提供了娱乐和放松的渠道。这些形式的出现,使大学生能够在繁重的学业压力下找到情绪宣泄的方式,帮助他们在紧张的学习生活中寻求片刻的放松与愉悦。

通过新媒体获取心理健康知识和情绪调节技巧,有助于提升大学生的心理素养和自我调节能力。大学生可以通过新媒体平台,学习到各种情绪管理的方法和技巧,提升应对压力的能力。这种知识的普及,使大学生在面对压力时,能够更好地进行自我调节,从而在心理健康方面得到有效的提升。新媒体在这个过程中,不仅是信息的传播者,也是心理健康教育的推动者,为大学生的心理健康发展提供了新的视角和方法。

(三) 虚拟世界与现实自我认同的心理冲突

大学生在虚拟世界中常常构建理想化的自我形象,这种形象与其现实中的自我认同可能存在显著差异,导致他们在自我价值的认知上产生困惑。这种困惑不仅影响他们的心理健康,还可能影响其学业和人际关系。在虚拟世界中,大学生通过社交媒体展示的身份通常是经过精心修饰的,这种虚构的自我形象可能使他们在现实生活中面临自我认同危机。这种危机往往源于虚拟世界与现实世界的差异,当大学生回归现实时,他们可能发现自己在虚拟世界中获得的认同感难以在现实生活中得到延续。

社交媒体中的虚拟身份为大学生提供了一个表达自我和寻求认同的平台。然而,这种身份的塑造往往是经过精心包装的,可能导致大学生在现实生活中对自我产生怀疑和不安。虚拟世界中的反馈机制,如点赞、评论等,可能会使大学生过度关注他人的评价,这种对外部评价的依赖可能导致他们在现实生活中对自我认同产生不必要的焦虑。随着时间的推移,这种焦虑可能进一步加剧,影响他们的心理健康和情绪稳定。大学生在虚拟世界中寻求认同感和归属感,可能导致他们忽视真实的人际关系,从而影响其现实社交能力。

在虚拟世界中,大学生能够轻松获得社交支持,但这种支持往往是即时和短暂的。当他们回到现实生活中,可能会感受到社交孤立感。这种孤立感与虚拟世界中获得的社交支持形成鲜明对比,进一步加剧了他们的心理冲突与不安感。这种心理冲突不仅影响他们的自我认同,还可能导致他们在处理人际关系时出现困难。在新媒体环境下,大学生只有学会平衡虚拟世界与现实世界之间的关系,才能更好地适应和发展。

二、大学生在新媒体环境中的自我认同

(一) 数字身份的建构与自我呈现

数字身份的构建过程涉及大学生在社交媒体上的选择和个人信息的展示,

包括头像、昵称、个人简介等元素。这些元素不是简单的信息罗列,而是大学生个性化形象的初步呈现。在这个过程中,大学生通过对这些元素的精心选择和排列,形成了一个与现实身份相辅相成的数字形象。这种数字身份不仅是个人信息的集合,也是个体在虚拟空间中的象征性存在。

大学生通过社交平台的内容分享,展现个人兴趣、价值观和生活方式,从而形成独特的数字形象。通过发布文字、图片、视频等内容,大学生能够将自己的兴趣爱好和生活动态展示给他人。这种展示不仅是个人生活的分享,也是价值观和生活方式的体现。在这个过程中,大学生通过与他人的互动,获得了社会认同和情感支持。

数字身份的表现形式多样,大学生可以利用文字、图片、视频等媒介进行自我表达,增强个性化特征。在多媒体技术的支持下,大学生能够通过多种媒介形式展示自我,使自身的数字身份更加立体化和丰富化。这种多样化的表现形式不仅增强了自我表达的自由度,也为他们提供了更多的创造空间,使数字身份更加个性化和独特化。

数字身份的构建受社交反馈的影响,大学生在互动中会根据他人的反应调整个人形象,以获得认可和归属感。社交平台上的互动反馈机制,使大学生在构建数字身份的过程中,始终处于动态调整的状态。他们会根据他人的点赞、评论等反馈信息,调整自己的数字形象,以更好地融入社交群体,获得更多的社会支持和归属感。

(二)多元文化中的身份认同与冲突

在当今全球化日益加深的背景下,大学生在多元文化环境中形成的身份认同受不同文化价值观的影响。新媒体的普及使大学生能够接触到来自世界各地的文化信息,这种文化的多样性为他们的自我理解和社会角色带来了前所未有的复杂性。在多元文化的交织下,大学生往往需要在不同文化价值观之间进行协调,这个过程可能导致其在身份认同上的矛盾和不适应感。新媒体提供的平台虽然丰富了文化交流的渠道,但也加剧了文化冲突的可能性,使大学生在面对多元文化时需要不断调整身份认同。

在多元文化背景下,大学生可能面临文化冲突,这种冲突不仅体现在文化习俗的差异上,还体现在价值观和社会期望的不同上。这些差异可能导致大学生在身份认同上出现矛盾,进而影响他们的心理健康和社会适应能力。为了化解这种矛盾,大学生需要在多元文化中找到一个平衡点,使其自我认同能够在不同文化背景下保持一致性和稳定性。通过新媒体的交流与互动,大学生有机会接触到不同文化的思维方式和价值观念,这种跨文化的交流有助于他们在多元文化中找到自己的位置。

大学生通过与不同文化群体的互动,能够拓宽视野,促进对自身身份的重新审视和认同。新媒体提供了一个开放的平台,使大学生能够与世界各地的同龄人交流,分享彼此的文化和生活经验。这种互动不仅拓宽了他们的文化视野,还促使他们对自身身份进行反思和重构。在与多元文化的碰撞中,大学生逐渐形成了对自身身份的清晰认知,增强了文化包容性和开放性。

在多元文化环境中,大学生的身份认同往往是动态的,随着社交媒体的使用而不断变化和调整。社交媒体为大学生提供了一个展示自我和探索自我的平台,使他们能够在虚拟空间中尝试不同的身份角色。这种动态的身份认同过程,使大学生在多元文化背景下能够更加灵活地适应不同的文化环境。通过在社交媒体上的互动,大学生能够及时获取反馈,从而调整自己的身份认同策略,更好地融入多元文化的社会。

大学生在多元文化背景下的身份认同过程,能够增强其社会责任感和包容性,促进其积极参与社会活动。在与多元文化的接触中,大学生不仅拓宽了视野,还学会了理解和尊重不同文化。这种文化包容性使他们能够更加积极地参与社会活动,推动多元文化的交流与融合。通过新媒体平台,大学生可以更加便捷地参与社会议题的讨论,表达自己的观点和看法,从而在多元文化的社会中发挥积极作用。

(三)虚拟社交与自我效能感的提升

在新媒体环境下,虚拟社交不仅为大学生提供了一个安全的环境,使他们能够自由表达自我,还在很大程度上增强了他们的自信心。在这个虚拟空间中,大学生可以不受传统社交限制,探索自我,尝试不同的身份和角色,从而对自身有更深刻的理解和认同。这种自由表达的机会,使他们在现实生活中更加自信,从而促进个人成长和发展。

参与在线讨论和互动有助于大学生在虚拟社交中提升自我效能感。在虚拟社交平台上,大学生能够即时获得来自同龄人和其他用户的反馈。这种即时反馈机制能够帮助他们更好地理解问题,优化自己的观点和行为,从而提升解决问题的能力。这种互动不仅包括学术交流,还包括生活中的各种话题,使大学生在多方面获得成长。

虚拟社交平台还为大学生提供了丰富的资源和支持,这对他们的学习和生活产生了积极影响。在这些平台上,大学生可以接触到各种学习资料、工具和社群支持,帮助他们更好地进行自我管理和设定个人目标。这种资源的易得性,使他们在面对学业和生活挑战时,能够更有效地制订策略和计划,增强自我效能感。通过这种积极的自我管理,大学生在实现目标的过程中获得了更多的自信和成就感。

大学生在虚拟社交中建立的网络关系,有利于提升其社交技能和人际交往能力。在虚拟社交平台上,大学生可以与来自不同背景的人交流,学习如何有效沟通和建立关系。这种多样化的社交体验,使他们在现实生活中更容易适应不同的社交场合,增强了自我效能感。通过这种方式,大学生不仅提升了社交技能,也增强了对自我能力的信心。

虚拟社交带来的参与感和归属感,使大学生在面对挑战时更加自信,进一步促进了他们的心理韧性和自我效能感的提升。在虚拟社交中,大学生感受到的是一个充满支持和理解的环境,这种归属感使他们在遇到困难时,会更加积极地寻求帮助和解决方案,从而增强心理韧性。这种积极的心理状态,能够让他们更好地应对学业和生活中的各种挑战。

三、新媒体使用与大学生情绪管理

(一)情绪觉察与表达能力的提升

新媒体环境为大学生提供了多样化的情绪表达平台,使他们能够通过社交媒体分享个人感受,促进情感的宣泄与交流。通过这些平台,大学生能够在日常生活中更为便捷地表达自己的情绪。这种多样化的表达方式不仅满足了他们的情感需求,也在一定程度上缓解了其因情绪压抑而可能产生的心理压力。新媒体的互动性还使大学生能够及时获得反馈,这种即时性和互动性为他们的情绪管理提供了新的可能。

在新媒体中,大学生通过与他人的互动不断学习情绪觉察技巧,这使他们能够更好地识别和理解自己和他人的情绪状态,从而提升情感智力。情感智力是当代大学生在复杂社会环境中生存与发展的重要能力之一。通过对情绪的识别和理解,大学生能够更有效地进行自我调节,避免因情绪波动而影响学业和生活。情绪觉察能力的提升也使他们在社交中更具同理心,从而促进人际关系的和谐发展。

新媒体的互动功能使大学生能够获得同伴的情感支持,提升情绪管理能力,增强心理韧性。在网络社交平台上,大学生可以通过评论、点赞、分享等方式与同龄人互动,这种互动不仅是情感的宣泄,也是一种情感的交流与支持。通过这种方式,大学生能够在面对挫折和挑战时,获得来自同伴的鼓励和建议,从而提升缓解心理压力的能力。

新媒体中的情绪表达工具丰富了大学生的情感交流方式,促进了情感的多元化表达与理解。这些工具不仅使情感表达更加生动和直观,也在一定程度上弥补了文字表达的不足。通过这些工具,大学生能够更准确地表达自己的情感,同时更好地理解他人的情感表达。这种多元化的情感交流方式为大学生间的沟通提供了新的可能,促进了情感的深层次交流与理解。

(二)数字化社交环境下的压力管理

数字化社交环境的广泛应用使大学生在日常生活中面临新的心理压力。大学生应建立合理的时间管理策略,通过制定使用新媒体的时间表,避免因过度沉迷而导致的心理压力。这不仅能帮助他们在学业和社交生活之间找到平衡,还能预防其因长时间使用新媒体而产生焦虑和抑郁情绪。合理的时间管理策略可以帮助大学生在享受新媒体带来的便利与乐趣的同时,保持心理健康。这种自我管理能力的培养,有利于提升大学生未来在职场中的适应力和抗压能力。

在新媒体环境中,大学生可以利用丰富的心理健康服务资源来提升应对压力的能力。在线咨询和情绪支持群体为大学生提供了便捷的心理健康服务,使他们能够在需要时及时获得专业的帮助和支持。这些资源不仅能帮助大学生识别和处理压力源,还能为他们提供分享经验和寻求建议的平台。通过有效利用新媒体中的心理健康服务资源,大学生可以更好地管理自己的情绪,从而在面对各种挑战时保持积极和乐观的态度。

培养大学生的自我反思能力能够帮助他们在新媒体使用中管理负面情绪。通过自我反思,大学生能够识别出在新媒体使用过程中产生的负面情绪,并采取有效的调节措施。这种能力的培养可以帮助他们在面对新媒体带来的社交压力时,保持情绪的稳定和平衡。自我反思不仅能提升大学生的情绪调节能力,还能促进他们的自我认知和个人成长,使其在不断变化的数字化环境中保持心理健康。

建立大学生之间的情感支持网络有助于减轻其孤独感和社交压力。线上社交活动为大学生提供了一个增强彼此理解与共鸣的平台,使他们能够在虚拟空间中建立真实的情感联系。通过参与这些活动,大学生可以分享生活中的喜怒哀乐,获得同龄人的支持和理解。这种情感支持网络的建立,不仅能缓解大学生的孤独感,也能提升他们在数字化社交环境中的适应能力,从而使其在心理上获得更多的安全感和归属感。

第二章 网络素养教育的理论基础

第一节 网络素养的核心要素及其重要性

一、网络素养的核心要素

网络素养的核心要素包括信息检索能力、数字化沟通能力、网络安全意识、批判性思维能力和创造性表达能力。这些要素不仅是个体在数字时代生存和发展的基础,也是社会整体信息化水平提升的关键。随着信息技术的快速发展,网络素养的内涵不断丰富,其核心要素也在适应时代的变化。

(一)信息检索能力

信息检索能力不仅要求个体能够在海量信息中快速找到所需的信息,还需要其具备评估信息真实性和可靠性的能力。在信息爆炸的时代,大学生往往面临信息过载的挑战,因此,培养他们的信息检索能力显得尤为重要。通过有效的信息检索,大学生可以在学术研究和日常生活中做出明智的决策。

(二)数字化沟通能力

随着社交媒体和各种在线平台的普及,大学生需要熟练掌握多种数字沟通工具,以便在学术和社交场合中进行有效的交流与协作。这不仅包括文字交流,还包括视频会议、即时通信等。数字化沟通能力的提升,有助于大学生在全球化背景下更好地适应多元文化交流。

(三)网络安全意识

在网络环境中,潜在的风险无处不在,大学生需要具备识别网络诈骗和恶意行为的能力。网络安全意识的培养,不仅有助于保护大学生的个人权益,还有助于增强大学生对网络环境的信任感,从而使其更积极地融入数字社会。

(四)批判性思维能力

面对网络上纷繁复杂的信息,大学生需要具备分析和评估的能力,以形成独立的见解。批判性思维能力的培养,有助于大学生在面对网络谣言和虚假信息时,保持理性和客观的态度,避免盲目接受网络上的观点和信息。

(五)创造性表达能力

在新媒体时代,大学生可以利用多种工具进行创意表达,通过文字、图像、视频等形式展示个人观点和创作。创造性表达能力的提升,不仅能丰富大学生的学术和文化生活,还能激发他们的创新思维,推动社会文化的多样性发展。

二、网络素养培育的核心内容

(一)大学生网络信息甄别能力培养

1. 教授大学生使用信息检索工具

现代信息检索技术日新月异,大学生需要掌握多种信息检索工具的使用方法,以便高效地找到相关信息。通过学习信息检索技巧,大学生能够快速筛选出与自身需求相关的信息,并进行有效的比较和分析。这不仅提高了信息获取的效率,也增强了大学生在面对海量信息时的自信心。信息检索能力的培养还包括对不同检索工具优缺点的分析,以便大学生在不同情境下选择最合适的工具。

2. 引导大学生进行信息的多维度评估

信息的真实性、时效性和相关性是评估信息质量的三个基本维度。通过引导大学生从这几个维度对信息进行全面评估，可以提升他们的判断力。这种多维度评估能力不仅能够帮助大学生在学术研究中提高信息使用的准确性，还能在日常生活中帮助他们做出明智的决策。此外，多维度评估还包括对信息内容逻辑性的分析，从而提高大学生的批判性思维能力。

3. 鼓励大学生进行信息的反思性思考

反思性思考要求大学生识别信息背后的潜在动机和目的，从而避免被误导。这种能力的培养不仅能帮助大学生在面对复杂信息时保持头脑清醒，也能提高他们对信息的批判性理解能力。通过反思性思考，大学生能够更好地理解信息传播的背景和动机，从而在信息接收过程中保持独立判断。反思性思考还可以帮助大学生在信息过载的时代保持信息摄入的理性和节制。

（二）社交媒体责任感与安全意识教育

随着新媒体的快速发展，大学生成为社交媒体的主要用户群体，他们在享受信息交流便利的同时，面临信息泛滥和虚假信息的挑战。这要求高校通过系统的教育，提升大学生对社交媒体内容的判断能力，使其能够识别和抵制不实信息和负面影响。这不仅是对个人信息安全的保护，也是对社会信息环境的净化。

大学生在社交媒体上进行正面互动至关重要。社交媒体是信息传播的重要平台，大学生在其中的言行不仅关乎个人形象，也影响社会舆论。因此，教育者应鼓励大学生传播积极的价值观和信息，促进健康的网络文化建设。这种正面的互动不仅能提升大学生的个人素养，也能为网络环境注入更多的正能量。

大学生要注重个人信息的保护，并认识到设置隐私权限和防范网络诈骗是网络素养教育的重要内容。在信息化社会中，个人信息的安全性关乎个人隐私和财产安全。通过教育，大学生能够掌握基本的隐私保护技能，如合理设置社交媒体隐私权限、识别网络诈骗手段等，从而有效降低信息泄露和财产损失的风险。

大学生要理解社交媒体对社会舆论的影响，增强自身在网络环境中承担社会责任的意识,这也是网络素养教育的长远目标。社交媒体不仅是个人表达的平台,也是公共舆论的风向标。网络素养教育应引导大学生认识到其在网络上的言论和行为可能对他人和社会产生的影响,并在此基础上,培养其在网络环境中承担社会责任的意识。这种意识的培养有助于形成良好的网络生态,推动社会的和谐发展。

(三)数字化学习与创新能力提升

网络素养教育通过鼓励大学生使用在线协作工具开展团队项目,不仅能够使大学生在实际操作中锻炼团队合作能力,还能在多学科的交叉中培养其出色的创新思维。在线协作工具提供了一个开放的平台,让大学生能够在虚拟环境中进行实时沟通和协作,这种无边界的合作方式,打破了传统课堂的限制,为大学生提供了更多的创新机会和挑战。

网络素养教育引导大学生通过数字工具进行创意表达,有效提升其创新能力和实践经验。多媒体项目的应用,为大学生提供了展示创意的平台,鼓励他们运用不同的技术进行表达。这种创意表达的过程,不仅提升了大学生的技术应用能力,还提升了他们的综合实践能力。在多媒体项目中,大学生可以通过视频、音频、图像等形式,展现自己的独特想法,从而促进创新能力的发展。

网络素养教育的重要目标之一是在数字环境中培养大学生的问题解决能力。大学生运用数字资源和工具进行创新思考,能够显著提升他们应对复杂问题的能力。在数字化学习环境中,大学生可以通过访问海量的信息资源,进行深入的分析和思考,进而提出有效的解决方案。这种能力的培养,不仅有助于大学生在学术研究中取得突破,也有助于他们未来的职业发展。通过不断地实践和探索,大学生在数字环境中的问题解决能力将得到持续的提升。

(四)网络道德与伦理认知形成

大学生对网络道德的认知,使其理解在网络环境中应遵循的基本伦理原则,如诚实、尊重和责任感,这也是培养网络素养的关键。通过系统的教育与引导,大学生能够更好地理解这些原则在网络交流中的应用,从而在虚拟世界中保持良好的道德标准。这不仅有助于提升其个人素养,还有助于网络环境的健康发展,减少网络不良行为的发生。

大学生对网络行为后果的认知是网络素养教育的重要内容。教育者有责任帮助大学生认识到不当行为可能对他人和社会造成的伤害,进而提升大学生的自我约束能力。通过案例分析和实际讨论,大学生可以更深入地理解不当行为的潜在后果,并在日常网络活动中更为谨慎。这种意识的培养不仅能减少网络暴力和虚假信息的传播,还能推动大学生在网络空间中形成更为负责任的行为习惯。

大学生在网络互动中要树立正确的价值观,传播积极的信息,抵制网络暴力和负面言论,这也是网络素养教育的核心任务之一。在新媒体环境下,大学生作为信息的主要传播者,其行为和言论对网络氛围有着直接影响。通过教育和引导,大学生能够意识到自身在网络空间中的角色和责任,积极地参与健康网络环境的建设。这样的教育不仅能培养大学生的正确价值观,还能对整个网络社区产生积极影响。

三、网络素养对大学生全面发展的重要性

(一)网络素养提升大学生的自主学习能力

网络素养不仅提高了大学生的信息获取效率,还帮助他们在海量的信息中快速找到所需要的学习资源和参考资料。通过掌握网络搜索技巧、信息筛选和评估能力,大学生能够在学术研究中获得更为精确和有用的资料,进而提高学习的效率和质量。这种能力的培养,使大学生能够在信息爆炸的时代中保持竞争力,成为具备高效信息处理能力的新时代人才。

网络素养的提升为大学生提供了更广阔的自主学习空间。通过网络素养的培养,大学生可以更好地利用在线学习平台,进行自主学习和知识拓展。在线课程、开放教育资源和学术论坛等网络资源的广泛使用,使大学生能够在课堂之外继

续深造,拓宽知识面。这种自主学习的能力,不仅增强了大学生的学习主动性,也提高了他们的自学能力和独立思考能力,为其将来的职业发展奠定了坚实的基础。

良好的网络素养使大学生能够有效管理学习时间,合理安排在线学习与线下学习。通过制订科学的学习计划并利用网络工具进行时间管理,大学生能够在繁重的学业压力下保持学习的高效性。网络素养培养出的时间管理能力,使大学生能够更好地平衡学业与生活,提升整体学习效果。这种能力的掌握,有助于大学生在未来职场中更好地管理时间和协调事务。

网络素养的培养增强了大学生的创新意识,使他们在学习中能够积极探索新的学习方法和工具。网络环境为大学生提供了大量的创新资源和交流平台,鼓励他们在学习中尝试不同的思维方式和解决问题的方法。通过提升网络素养,大学生能够在学习过程中不断创新,培养灵活的思维方式和创新能力。这种创新意识的培养,不仅丰富了大学生的学习体验,也提升了他们的创新能力。

(二) 网络素养提升大学生的社交技能

在当今信息时代,大学生通过网络平台进行社交活动已成为普遍现象。网络素养的提升使大学生能够更好地适应多元文化环境,帮助他们有效地与不同背景的人进行沟通与交流。这不仅拓宽了他们的视野,也培养了他们的多元文化理解能力。通过这种能力的提升,大学生能够在多元化的社会中自如地交流,并在全球化的背景下更好地融入国际社会。

掌握网络交流技巧是大学生在社交媒体上建立和维护人际关系的重要手段。网络素养的提高,使他们能够有效地利用各种社交平台,拓展社交网络的广度与深度。通过熟练运用网络工具,大学生可以更便捷地与他人保持联系,分享信息和资源,构建支持性的社交网络。这种能力不仅推动了他们在学术和职业领域的发展,也给他们的个人生活带来了丰富的社交资源和支持。

网络素养的提高促进了大学生情感表达能力的提升,使他们能够在数字环境中更好地传达情感并理解他人。这种能力不仅提高了社交互动的质量,也使大学生能够在虚拟环境中建立更深层次的情感联系。通过网络平台,大学生可以更准确地表达自己的情感需求,并对他人的情感变化做出正面的回应。这种情感上的交流与互动,为他们的社交生活增添了更多的色彩。

良好的网络素养使大学生能够有效管理在线形象,提升个人品牌,增强在社交平台上的影响力和吸引力。在网络时代,个人形象的管理已成为一项重要的技能。通过网络素养的培养,大学生不仅能够更好地展示自己的专业能力和个性魅力,还能在社交平台上建立起良好的公众形象。这种能力的提升,不仅有助于他们在学业和职业领域取得成功,也有助于他们的个人发展。

网络素养的提升还培养了大学生在社交场合中的主动性,鼓励他们积极参与线上线下的社交活动,拓展人际交往的范围。通过网络素养的学习,大学生能够更好地识别和利用各种社交机会,主动参与不同的社交环境。这种主动性不仅提升了他们的社交能力,也为他们的个人成长和发展提供了更多的机会和平台。在这个过程中,大学生的社交技能得到了全面的提升,为未来发展奠定了坚实的基础。

(三)网络素养提升大学生的职业竞争力

在现代社会,网络素养不仅指对互联网技术的理解和使用能力,也指在复杂的网络环境中有效获取、分析和应用信息的能力。通过培养网络素养,大学生可以显著提升求职技能,能够更加熟练地在各种网络平台上寻找和申请职位,进而增加就业机会。在当今的就业市场中,许多招聘信息都通过线上发布,具备良好的网络素养能够让大学生更快、更准确地获取这些信息,并做出及时的应对。

网络素养的提升还使大学生能够优化个人简历和在线职业形象。在网络时代,招聘人员对求职者的第一印象往往源于其在线形象。通过掌握网络素养,大学生能够更好地设计和管理自己的在线简历和职业档案,从而在招聘过程中脱颖而出。良好的在线职业形象不仅能够吸引招聘人员的注意,还能展现出求职者的专业性和职业素养。

良好的网络素养还使大学生能够利用社交媒体进行职业网络建设。通过有效的网络沟通和互动,大学生可以扩展自己的人脉资源,结识行业内的专业人士和潜在的雇主,为未来的职业发展奠定坚实的基础。社交媒体上的职业网站不仅能提供就业信息,还能为大学生提供行业动态和职业发展的新趋势,从而促进他们在职业道路上的成长。

在线面试中,良好的网络素养能够帮助大学生自信、专业地展示个人能力和职业素养。在线面试不同于传统的面对面面试,它要求应试者具备一定的技术操作能力和良好的网络沟通技巧。通过网络素养的培养,大学生可以更加从容地应对在线面试中的各种挑战,展示出最佳的自我。

培养网络素养还能使大学生具备适应快速变化的职场环境的能力。在信息技术飞速发展的今天,职场环境也在不断变化。拥有良好网络素养的大学生能够更好地适应这些变化,增强在职业发展过程中的灵活性和创新思维。这不仅能帮助他们在职场中保持竞争力,还能为他们的职业生涯带来更多的发展机会和可能性。

第二节　网络素养教育的目标与原则

一、网络素养教育的总体目标

(一)提升大学生的信息甄别和批判性思维能力

在新媒体时代,大学生面临的信息环境复杂多变,提升信息甄别和批判性思维能力成为网络素养教育的重要目标。

大学生对信息源的敏感性越强,越有利于提升其信息甄别能力。大学生应具备识别权威信息来源的能力,这需要他们在面对庞杂的信息时,能够迅速判断信息的可信度和来源的可靠性。信息来源的选择直接影响信息的质量和使用效果。因此,教育者需要引导大学生在信息获取过程中,关注信息的来源背景,并通过比较和分析不同来源的信息,形成对信息的全面理解和准确判断。

大学生对信息进行多维度评估,有利于提升其信息判断能力。大学生应关注信息的真实性、时效性和相关性,通过多角度的分析,提升对信息内容的理解和判断能力。多维度评估不仅要求大学生具备基本的信息分析技能,还需要他们在信息处理过程中,能够从不同的视角进行思考,以便在复杂的信息环境中做出合理的判断和决策。

大学生要积极进行反思性思考,这有助于培养其批判性思维能力。在信息处理过程中,大学生需要识别信息背后的潜在动机,理解信息的传播目的和可能的影响。通过反思性思考,大学生可以避免被误导,形成独立的见解和判断。在这个过程中,教育者应提供适当的引导和支持,帮助大学生在信息分析中,逐步建立起批判性思维的框架和方法。

大学生在信息处理中要具备批判性思维,这是网络素养教育的最终目标之一。批判性思维要求大学生对网络信息进行深入分析,形成独立见解。这不是对信息的简单接受,而是对信息的深刻理解和独立判断。通过批判性思维的培养,大学生能够在信息的海洋中,保持理性和独立的思考能力,成为具有高水平信息素养的新时代公民。

(二)增强大学生在数字化环境中的安全和责任意识

在当今数字化环境中,大学生面临着日益复杂的网络安全风险。提升他们对网络安全风险的认知,已成为网络素养教育的核心目标之一。大学生需要具备识别潜在网络威胁和诈骗手段的能力,以增强自我保护意识。这不仅包括技术手段的掌握,还包括对网络诈骗手段的了解和防范策略的学习。通过教育引导,大学生可以更好地应对网络世界中的各种挑战,避免成为网络犯罪的受害者。这种能力的培养,不仅有助于个体的安全,也有助于构建更为安全的网络环境。

随着互联网的普及,个人信息的保护成为一个重要议题。大学生作为互联网的活跃用户,必须意识到个人信息保护的重要性。合理设置隐私权限,维护个人数据的安全,是每一位网络用户的基本责任。在教育过程中,教育者应强调不同平台的隐私设置差异,并教授大学生如何在这些平台上有效保护自己的信息。通过案例分析,大学生能够更直观地理解这一问题的重要性,并在实践中提高自我保护能力。

网络行为的社会影响是网络素养教育不可忽视的一部分。大学生需要理解其网络言论和行为可能产生的后果,从而增强责任感。网络空间虽是虚拟的,但其影响却是真实的。教育者应引导大学生认识到,积极传播正能量和负责任的网络行为,不仅能塑造个人良好的网络形象,也能促进社会和谐。通过实际案例的讨论,大学生可以更好地理解如何在网络中承担起自己的社会责任,成为积极的网络公民。

在社交媒体上,负责任的互动是大学生必须掌握的技能之一。尊重与包容他人观点,抵制网络暴力和负面信息的传播,是网络素养教育的重要内容。这不仅影响个人的网络形象,也影响整个网络社区的氛围。教育者应通过模拟情境和角色扮演等方式,让大学生体验和理解负责任互动的重要性。通过这样的教育,大学生可以在网络中更好地与他人交流,形成健康的网络文化。

(三)培养大学生适应新媒体环境的创新学习能力

在新媒体环境下,培养大学生的创新学习能力已成为网络素养教育的重要目标之一。新媒体以其多样化和互动性为特征,为大学生提供了丰富的学习资源和实践平台。通过在线学习平台,大学生能够自主选择学习内容,制订个性化学习计划,从而激发主动探索新知识的兴趣。这种自主学习模式不仅提高了大学生的学习效率,还提升了大学生的自我管理能力和学习动力,使他们在信息爆炸的时代中保持竞争力。

数字环境提供了跨学科合作的广阔空间。大学生可以通过参与多元化的项目,与来自不同学科背景的同学合作,提升团队协作与创新能力。这种合作不仅限于本地,还可以通过网络平台扩展到全球范围,促进文化交流与知识共享。在项目合作过程中,大学生需要整合各自的专业知识,运用创新思维解决实际问题,这个过程极大地培养了他们的综合素养和团队精神。

在新媒体环境中,大学生的创意表达能力也得到了前所未有的重视。通过运用多种数字工具,大学生能够在多媒体项目中展示创意成果,提升实践经验与综合能力。这不仅包括文字、图片和视频的制作,还包括虚拟现实和增强现实等新兴技术的应用。通过这些实践,大学生不仅能够提高技术技能,还能培养审美能力和创新意识,为未来的职业生涯奠定坚实基础。

面对数字环境中的复杂问题,大学生需要具备强大的问题解决能力。网络素养教育强调运用创新思维和技术手段来应对挑战。通过案例分析和问题导向学习,大学生可以在真实情境中锻炼解决问题的能力。教育者应鼓励他们在实践中探索不同的解决方案,培养批判性思维和灵活应变的能力,从而使其在快速变化的社会中做出明智的决策。

网络素养教育注重培养大学生的新媒体内容创作与传播能力。通过鼓励大学生积极参与数字内容的生产与分享,能够提升其信息传播的影响力。这不仅包括在社交媒体上分享个人观点和作品,还包括参与公共讨论和社会活动。通过这种方式,大学生能够增强社会责任感和公民意识,为建设健康的网络环境贡献力量。在新媒体时代,大学生作为内容创作者和传播者的角色愈发重要,他们的声音和影响力将对社会产生深远的影响。

二、以大学生为主体的教育原则

(一)以大学生需求为导向的教学方法

以大学生需求为导向的教学方法强调以大学生为中心,根据他们的学习风格和偏好设计个性化的课程。通过了解大学生在网络环境中的行为模式和学习习惯,教育者可以制定更具针对性的教学策略,确保每名大学生都能在适合自己的环境中提升网络素养。个性化课程不仅能够激发大学生的学习兴趣,还能促进他们在网络世界中更好地运用所学知识,从而提升整体教育效果。

　　为了进一步提高网络素养教育的有效性,应建立定期的反馈机制。通过收集和分析大学生的反馈,教师可以及时调整教学内容和方法,以更好地满足大学生的学习需求和目标。这种反馈机制不仅能帮助教师发现教学中的不足之处,还能为教师提供改进的方向,确保教育的持续改进和优化。此外,反馈机制还能增强大学生的参与感,使他们在学习过程中感受到自己的声音被倾听和重视,从而产生更大的学习动力。

　　以大学生需求为导向的教学方法还鼓励大学生参与课程设计和实施。在网络素养教育中,大学生不仅是知识的接受者,也是学习活动的积极参与者。让大学生参与课程的开发和执行,可以使其在实践中锻炼批判性思维和问题解决能力。这种参与式教学方法能够培养大学生的责任感和自主学习能力,使他们在面对复杂的网络环境时,能够自主判断和选择适合的学习策略,真正实现以大学生为主体的教育原则。

(二)自主学习与自我反思

1. 鼓励大学生进行自主探究

　　鼓励大学生利用在线学习资源进行自主探究,可以激发他们主动学习的兴趣,提升其自主学习能力。在新媒体环境下,大学生能够接触到丰富多样的信息资源,这为他们的自主学习提供了广阔的空间。大学生在这种环境中不仅是知识的接受者,也是知识的探索者和创造者。通过自主探究,大学生可以培养批判性思维和问题解决能力。

2. 引导大学生定期进行自我评估和反思

　　通过在学习过程中进行自我评估,大学生可以了解自己的优势和不足,从而不断改进学习策略。这个过程不仅有助于提升大学生的学习效果,还有助于培养他们的自我管理能力。自我反思使大学生能够更好地理解自己的学习风格和偏好,进而制订更为有效的学习计划。自我评估和反思也为大学生提供了一个重新审视自身与网络世界关系的机会,促进他们更好地适应信息社会的变化。

3. 提供多样化的学习任务和项目

多样化的学习任务能够满足不同大学生的学习需求,激发他们的学习动力。在新媒体环境中,大学生可以通过参与项目式学习,获取实践经验,提升自身的创新能力和协作能力。这不仅有助于培养大学生的网络素养,还有助于培养其终身学习的习惯。

4. 建立学习社区

在学习社区中,大学生可以分享学习经验,提升集体学习的效果。通过互动与协作,大学生能够从他人的视角中获得新的见解,提升自身的学习能力。学习社区为大学生提供了一个互相支持的平台,使他们在学习过程中感受到集体的力量和温暖。这种学习环境不仅能提高大学生的网络素养,还能培养他们的社会责任感和团队合作精神。

(三)多元化表达与个性化发展

通过多种媒介形式,如视频、音频、图文等,大学生能够自由地表达自己的观点和创意。这不仅激发了他们的创造力,还提升了他们的个性化表达能力。在当今信息化社会中,掌握多种表达方式已成为一种必备技能。通过这些媒介,大学生可以更加灵活地适应不同的交流环境,增强在数字世界中的竞争力。

教育机构应提供更多的平台和机会,让大学生展示自己的作品。这种展示不仅限于课堂,还应拓展到更广阔的公众空间。通过参与展览、竞赛或线上分享,大学生可以在更广泛的受众面前表达自己,从而提升自信心和沟通能力。这样的实践不仅使大学生在面对公众时更加从容,也培养了他们的责任感和社会意识。此外,这种展示机会也为大学生提供了宝贵的反馈,使他们能够不断完善自己的表达技巧。

网络素养教育应引导大学生参与跨学科的合作项目,促进知识的融合与创新思维的碰撞。在这样的项目中,大学生可以与来自不同学科背景的同伴合作,分享各自的专业知识和视角。这种跨学科的合作不仅拓宽了大学生的知识面,还培养了他们的团队协作能力和创新思维。通过与他人合作,大学生能够更好地理解复杂问题,并提出创造性的解决方案,从而为未来的职业发展奠定坚实的基础。

网络素养教育支持大学生在学习过程中制订个性化的学习计划。每名大学生都有独特的兴趣和特长,网络素养教育应鼓励他们根据自身的特点选择合适的学习内容和学习方式。这样的个性化学习不仅提高了大学生的学习积极性,还提升了他们的自主学习能力。

(四)团队协作学习体验

通过建立协作学习平台,大学生能够在网络环境中进行团队项目合作。这不仅提升了他们的团队协作能力,还培养了其创新意识。在这些平台上,大学生可以分享各自的观点和经验,促进彼此间的理解与合作。这种合作学习模式有助于打破传统课堂的界限,使大学生在更广泛的知识背景下进行学习和成长。通过这种方式,大学生可以更好地适应现代社会对团队协作能力的要求。

设计跨学科的合作任务能够推动学生的协作学习。这些任务鼓励大学生在不同领域中进行知识分享与互动,进而提升其综合素质。通过跨学科的合作,大学生能够将不同学科的知识融合在一起,以更全面的视角解决复杂问题。这种方法不仅激发了大学生的学习兴趣,还培养了他们的批判性思维和解决问题能力。跨学科合作任务的设计需要考虑大学生的兴趣和能力,以确保他们能够有效参与并从中受益。

利用网络工具开展小组讨论和在线研讨会,有利于提升大学生的沟通能力和集体决策能力。这些活动为大学生提供了一个安全的环境,使其可以自由表达自己的观点并倾听他人的意见。通过参与这些活动,大学生能够提高沟通技巧,学会如何在团队中进行有效的协作和决策。这不仅增强了团队的凝聚力,还培养了大学生的领导能力和责任感,为他们未来的职业发展奠定了坚实基础。

鼓励大学生参与社区服务项目,通过团队合作解决实际问题,有利于提升其社会责任感和实践能力。参与社区服务项目能够使大学生将课堂上学到的知识应用于现实生活中,提升了他们的实践能力。在团队合作中,大学生需要分工合作,制订计划并执行任务,这个过程锻炼了他们的组织能力和领导力。通过解决实际问题,大学生不仅提高了自身能力,还为社区的发展做出了贡献,增强了社会责任感。

第三章　新媒体视野下大学生网络素养教育内容创新

第一节　优化校园网络文化氛围

一、校园网络文化活动的策划与实施

(一)校园网络文化活动的多样化设计

校园网络文化活动的多样化设计有利于提升大学生的网络素养和文化认同感。通过多样化的活动形式，大学生可以在参与中体验和学习，增强对网络文化的理解与认同。

1.推出线上挑战赛

在特定主题的线上挑战赛中，大学生可以通过创作与展示来表达自己的想法和创意。这种形式的活动不仅鼓励大学生积极参与，还能在一定程度上培养他们的创新能力和团队合作精神。此外，线上挑战赛还可以通过社交媒体平台进行推广，吸引更多大学生的关注与参与，进一步提升活动的影响力。

2.组织网络文化知识竞赛

定期组织网络文化知识竞赛，通过答题和互动等形式，大学生可以在轻松愉快的氛围中提升对网络文化的了解与兴趣。这种竞赛不仅考验了大学生的知识储备和反应能力，还促进了他们对网络文化的深入思考与探索。竞赛的互动性和趣味性也有助于激发大学生的参与热情和学习动力，使网络文化教育更加生

动和有效。

3. 开展网络文化交流活动

网络文化交流活动可以通过邀请校外专家进行在线讲座或分享,给大学生带来不同的视角和丰富的知识。这些活动不仅能激发大学生的学习兴趣,还能帮助他们了解网络文化发展的最新动态和趋势。此外,通过与专家的互动,大学生可以获得更多的启发和指导,进一步提升网络素养和文化素养。

4. 利用虚拟现实技术设计沉浸式的网络文化体验活动

在虚拟环境中,大学生可以通过互动体验网络文化的魅力,增强学习兴趣和参与感。这种创新的教育方式不仅丰富了网络文化活动的形式,还为大学生提供了一个探索和体验的空间,激发了他们的好奇心和求知欲,为网络文化教育注入了新的活力和动力。

(二)网络文化活动与大学生兴趣的契合

网络文化活动与大学生兴趣的契合度越高,越能够增强大学生的参与感和网络素养教育的效果。提高这一契合度,需要深入调研大学生的兴趣爱好,设计与其兴趣相关的网络文化活动。例如,针对喜爱动漫、游戏或音乐的大学生群体,可以组织相关主题的活动,这不仅能吸引大学生积极参与,还能在活动中融入网络素养教育的内容,使大学生在愉悦的氛围中提升自身素养。

为提高活动吸引力,活动策划者可以结合时下流行的网络文化元素策划活动内容。现代大学生的生活方式和消费习惯深受网络文化的影响,因此,在活动策划中融入这些元素,可以使活动更贴近大学生的日常生活。例如,利用热门的网络用语、流行的网络视频或社交平台的热门话题作为活动的主题或背景,更容易引起大学生的关注和兴趣,从而提高活动的吸引力和参与度。

大学生参与活动策划有助于确保活动内容与大学生需求和兴趣紧密结合。大学生不仅是活动的参与者,也是活动的设计者。通过组织大学生参与活动的策划过程,充分听取他们的意见和建议,可以更好地了解大学生的真实需求,设计出更符合他们兴趣的活动内容。这种参与感不仅能提高大学生对活动的认同感,还能培养他们的组织能力和团队合作精神。

多样化的活动形式,如线上直播、互动游戏、创作比赛等,能够满足不同大学生群体的兴趣,提升活动的多元性和趣味性。在新媒体环境下,大学生希望能够通过多种渠道和形式参与活动。因此,活动的设计需要兼顾线上与线下的融合,通过丰富的活动形式,满足大学生多样化的兴趣需求,提升活动的整体效果。

数据分析工具可以整合大学生对不同类型活动的反馈,为活动策略提供便利。通过对大学生参与活动后的反馈进行分析,策划者可以了解哪些活动形式和内容最受欢迎,哪些方面需要改进,及时调整活动策略,不仅能提高大学生的参与度和满意度,还能不断优化活动的内容和形式,使其更具吸引力和教育意义。

二、营造积极向上的校园网络文化氛围

(一)推广健康积极的网络文化内容

网络文化内容的健康性和积极性直接影响大学生的价值观和心理发展。为此,必须建立一套详尽健康的网络文化内容标准与指南。这些标准应确保传播的内容不仅要符合大学生的价值观和心理需求,还要积极向上,能够引导大学生树立正确的社会观、人生观和价值观。这种标准和指南需要结合国内外的成功经验,考虑历史背景和当前的社会环境,以确保其适用性和有效性。标准的制定也需要不断更新,以应对新媒体环境下不断变化的挑战。

大学生参与创作健康积极的网络内容能够有效提升内容质量。通过组织竞赛和展示活动,激发大学生的创作热情和创新能力。这些活动不仅为大学生提供了展示自我的平台,也促进了健康网络文化内容的多样化发展。在活动中,大学生可以通过案例分析学习优秀作品的创作技巧和传播策略,从而提升自身的创作水平。这样的实践活动在丰富校园网络文化的同时,也培养了大学生的自

我表达能力和团队合作精神,推动了校园文化的积极发展。

校园媒体和社交平台推广优秀健康的网络文化作品,有利于形成良好的传播效应。校园媒体可以通过专题报道、专栏文章等形式,展示大学生的优秀作品,提升其影响力。社交平台则可以通过互动和分享,扩大作品的传播范围,增强大学生的认同感和归属感。这种推广方式不仅有助于营造积极向上的校园文化氛围,还有助于进一步扩大网络文化的影响力。

学校可以定期组织网络文化宣传活动,邀请专家分享健康的网络文化知识,提升大学生的网络素养和内容鉴别能力。这些活动可以通过讲座、研讨会等形式进行,帮助大学生了解网络文化的历史演进和未来趋势。专家的分享不仅能提供理论指导,还能通过实际案例分析,培养大学生的实践能力和批判性思维。这种教育模式能够帮助大学生在复杂多变的网络环境中,保持正确的价值判断和行为选择,从而成为具有高网络素养的新时代大学生。

(二)建立良性互动的线上交流机制

通过建立线上互动论坛,大学生能够分享学习资源与经验,促进知识共享与交流。这种互动平台不仅能丰富大学生的学习体验,还能培养他们的协作能力和批判性思维。在论坛中,大学生可以自由表达自己的观点,讨论学术问题,甚至是社会热点话题,这种开放的交流环境有助于形成积极向上的校园文化氛围。

线上主题讨论活动有助于激发大学生的思维。通过围绕网络文化相关话题进行讨论,大学生不仅能够深入了解网络文化的内涵与发展,还能在思维碰撞中激发创新意识。这些活动可以邀请不同学科的专家或学者参与,为大学生提供多元视角的指导。同时,大学生在参与过程中可以培养自己的沟通能力和团队合作精神,从而提升综合素养。

反馈机制能够使网络文化活动贴近大学生需求与兴趣。通过鼓励大学生对网络文化活动进行评价与建议,学校能够及时调整活动内容和形式,更好地满足大学生的期望。这种反馈机制不仅能提高大学生参与的积极性,还能帮助学校更好地了解大学生的真实需求,从而制定更加有效的网络文化教育策略,推动校园文化的持续优化。

网络文化大使能够促进师生间的沟通与互动。通过选拔积极参与网络文化活动的大学生作为大使,可以在师生之间架起沟通的桥梁。这些大使不仅能够传达大学生的声音,还能协助组织各类文化活动,提高活动的吸引力和参与度。

三、加强校园网络文化设施建设

(一)完善校园无线网络基础设施

1. 扩大校园无线网络覆盖范围

校园无线网络覆盖范围需扩大到校园内各个角落,确保学生随时随地均能顺畅访问互联网,满足大学生在学习和生活中的网络需求。无论是在教室、图书馆,还是在宿舍、食堂,稳定的网络连接都能为大学生提供便利的学习环境和丰富的生活体验。

2. 优化网络带宽配置

随着在线学习和多媒体内容的普及,校园网络需要支持大规模的在线课程和丰富的多媒体资源。通过合理配置网络带宽,提升网络传输速度,能够确保大学生在使用网络进行学习时获得流畅的体验。这不仅能提高大学生的学习效率,还能激发他们对网络资源的探索兴趣,进而促进其网络素养的提升。

3. 定期进行网络设施的维护与升级

随着技术的发展和网络需求的变化,校园网络设施需要不断更新和维护,以适应新的使用需求和技术发展趋势。定期的维护和升级不仅能延长设备的使用寿命,还能及时解决网络使用中出现的问题,提升整体网络服务质量。

(二)引入智能化的校园网络安全系统

1. 引入智能化网络安全监控系统

通过实时监测校园网络流量,教育者可以及时发现并应对潜在的网络安全威胁。这种监控系统能够有效地保障大学生的网络使用安全,降低因网络攻击而导致的个人信息泄露风险。智能化的监控系统不仅能提高网络安全的效率,还能为学校提供更为详尽的网络使用数据,帮助管理者更好地优化网络资源配置。

2. 应用人工智能技术进行网络安全风险评估

通过数据分析,智能系统能够识别出高风险行为,并为大学生提供个性化的安全建议。这种基于人工智能的评估机制,不仅能够帮助大学生了解自身的网络使用习惯,还能提高他们的安全防范意识。

3. 建立智能化的用户身份验证机制

智能化的用户身份验证机制能够确保只有经过授权的用户才能访问校园网络资源,从而极大地减少了未经授权访问带来的安全隐患。这种身份验证机制可以结合生物识别技术和多因素认证,确保用户身份的唯一性和安全性。

4. 利用区块链技术实现校园网络数据的透明管理

区块链技术的去中心化和不可篡改性,确保了数据传输的安全性与完整性。这种技术的应用不仅保障了大学生的数据安全,也增强了他们对校园网络环境的信任感。通过区块链技术,学校可以实现对网络数据的透明管理,确保数据的流动和存储符合安全标准。这一技术的引入,为校园网络安全提供了新的解决方案。

(三)推动虚拟实验室的建设与应用

虚拟实验室为大学生提供了多样化的在线实验环境,使他们能够在网络平台上进行科学实验和技术实践。这种方式不仅突破了传统实验室的空间限制,还为大学生提供了更多的实践机会,有助于提升其动手能力和实践经验。通过虚拟实验室,大学生可以在一个安全且可控的环境中进行实验,既减少了实验材料的浪费,也降低了实验风险。这种创新的实验模式为网络素养教育注入了新的活力,推动了教育内容的现代化。

虚拟实验室与课程教学共同促进了教育创新。通过将虚拟实验室与课程教学有机结合,教师可以设计出更具针对性和实用性的实验项目,使大学生在学习理论知识的同时,能够通过实践加深理解。这种教学方法不仅提升了大学生的学习效果,还培养了他们的创新思维和问题解决能力。

虚拟实验室可通过跨学科合作提升大学生的综合素养。虚拟实验室为不同专业的大学生提供了一个交流与合作的平台,促进了跨学科的互动与学习。在虚拟实验室中,大学生可以与来自不同领域的同学合作完成实验项目,培养团队协作能力和创新思维。这种跨学科的合作模式不仅拓宽了大学生的视野,还提升了他们的沟通能力和团队精神。通过跨学科合作,大学生能够更好地理解和应用所学知识,为未来的职业发展奠定坚实的基础。

虚拟实验室的评估与反馈机制能够有效提升教育质量。通过数据分析和大学生反馈,教育者可以不断优化实验内容和教学方法,确保教育质量的提升。评估与反馈机制的建立,可以帮助教师及时了解大学生的学习情况和实验效果,进而对教学内容和方法进行调整和改进。这种机制不仅提高了教学的针对性和有效性,还促进了教育者与大学生之间的互动与交流。

第二节 强化网络秩序伦理教育

一、网络伦理基本概念与重要性

(一)网络伦理的定义与内涵

网络伦理是指在网络环境中,个体和群体在信息交流和互动过程中应遵循的道德规范和行为准则。这些规范和准则不仅是对传统伦理在网络环境下的延伸,也是对新媒体时代特有问题的回应。网络伦理的内涵包括对个人隐私的尊重、信息的真实性与准确性,以及对他人权利的保护。这些内容在网络世界中构成了道德行为的基石,确保信息交流的可靠性和互动的安全性。

(二)网络伦理在网络素养教育中的作用

网络伦理不仅帮助大学生理解网络行为的道德责任,还提高了他们对网络行为后果的认知。在当今数字化时代,大学生频繁使用网络进行学习、社交和娱乐活动,网络行为的后果可能会影响个人乃至社会的各个方面。通过网络伦理教育,大学生能够意识到其网络行为的潜在影响,从而更加谨慎地进行网络互动。此外,网络伦理教育强调道德责任,这有利于培养大学生在网络空间中的责任感和自律性。

网络伦理教育有助于提升大学生的信息安全意识。通过学习网络伦理,大学生可以掌握如何保护个人隐私和维护他人权利的知识。在信息时代,个人信息的泄露和滥用成为普遍现象,大学生需要具备足够的知识和能力来保护自己的信息安全。网络伦理教育不仅提供了理论基础,还通过案例分析等方式,使大学生能够在实践中应用这些知识,增强其应对网络风险的能力。

网络伦理教育有助于提高大学生的批判性思维能力。批判性思维能力是大学生在网络环境中生存和发展的关键能力之一，通过网络伦理教育，大学生可以学习如何识别和抵制网络暴力、虚假信息等不良内容。在信息网络世界中，大学生应具备批判性思维，从而进行有效的信息筛选和判断，避免受到不良信息的影响。网络伦理教育通过引导大学生进行深度思考和分析，提高他们的批判性思维能力，使其在网络环境中更加理性和独立。

网络伦理教育为大学生提供了在网络环境中进行健康交流的框架。它帮助大学生养成积极的网络互动习惯，促进网络文明的形成。通过网络伦理教育，大学生可以学习如何在网络中进行有效沟通，尊重他人观点，避免冲突和误解。这种健康的交流方式不仅推动了个人发展，也为构建和谐的网络环境奠定了基础。网络伦理教育通过提供具体的交流技巧和策略，使大学生在网络互动中更加自信和从容。

通过网络伦理教育，大学生能够增强对网络文明的认同感，积极参与网络文化的建设与维护。网络文明不仅是个人素养的体现，也是社会发展的重要组成部分。网络伦理教育通过引导大学生认识其在网络文化建设中的角色和责任，激发其参与网络文明建设的积极性。大学生参与各种网络文化活动，不仅提升了自身的网络素养，也为推动网络环境的健康发展贡献了力量。

二、校园网络秩序建设的策略

（一）增强网络行为规范的宣传力度

1. 利用校园媒体和社交平台

通过校园媒体，学校可以及时发布相关信息，帮助大学生更好地理解并遵守网络规范。社交平台的广泛使用，提升了信息的传播速度，扩大了覆盖面，大学生能够在第一时间获取最新的网络行为规范内容。这不仅提高了信息的可获取性，还增强了大学生对网络行为规范的意识，促使他们在网络空间中表现出较高的道德行为和责任感。

2. 开展专题讲座和研讨会

学校可以邀请网络伦理和行为规范领域的专家学者为大学生进行深入的解读分享,从而有效提升大学生的道德责任感。在这些活动中,专家通过具体案例分析和理论讲解,使大学生认识到网络行为规范不仅是一种约束,更是维护网络秩序和个人声誉的重要保障。这种面对面的交流方式,使大学生能够直接与专家互动,提出疑问并获得解答,从而加深对网络伦理和规范的理解。

3. 制作并分发网络行为规范宣传手册

网络行为规范宣传手册通过图文并茂的方式,使大学生更容易理解和记忆相关的网络行为规范。手册内容可以包括网络行为的基本原则、常见误区及遵守规范的现实案例等。通过这种直观的方式,大学生能够在日常生活中随时查阅和参考,逐渐内化这些规范,形成良好的网络行为习惯。手册的设计应注重实用性和可读性,以便在大学生中广泛传播和使用。

4. 设计网络行为规范的在线评测和互动活动

通过游戏化的方式,学校可以将网络行为规范的学习融入趣味活动中,使大学生在轻松愉快的氛围中提高对网络行为规范的认知和遵守程度。这种创新的教育方式,不仅能增加学习的趣味性,还能通过即时反馈机制帮助大学生及时纠正错误行为。在参与这些活动的过程中,大学生能够自我评估其网络行为规范的掌握情况,从而不断提升自己的网络素养。

(二)建立健全的网络秩序管理机制

在新媒体环境下,大学生的网络行为日益多样化,建立健全的网络秩序管理机制显得尤为重要。校园作为一个重要的教育场所,必须在网络秩序管理上具备系统性和前瞻性。

1. 构建校园网络行为规范的制度化框架

通过明确各类网络行为的责任与后果,学校可以确保大学生在网络使用中有章可循,这不仅能维护校园网络的安全与稳定,还能培养大学生的责任意识和自律能力。制度化的框架能够为大学生提供明确的行为导向,使他们在网络世界中明确自身的角色和责任。

2. 设立网络秩序管理委员会

网络秩序管理委员会的职责包括定期审查和更新网络行为规范,以确保其与时俱进,适应新媒体环境的变化。随着技术的不断发展,网络行为的表现形式和影响范围也在不断变化,这就要求管理规范必须灵活且具有前瞻性。委员会的存在可以确保在制定和更新规范时,能够综合考虑多方面的因素,确保规范的科学性和可操作性,从而有效指导大学生的网络行为。

3. 应用信息技术手段

通过建立网络行为监测系统,学校可以实时监控校园网络环境,及时发现并处理不当行为。这样的技术手段不仅提高了管理的效率,也为维护良好的网络秩序提供了有力保障。实时监测能够快速响应各种突发事件,防止不当行为对校园网络环境造成长期影响。这为管理者提供了数据支持,以便能够更好地理解和分析大学生的网络行为模式,从而优化管理策略。

4. 开展网络秩序管理的培训与宣传活动

系统的培训和广泛的宣传可以增强师生对网络秩序的理解和遵守意识。这种教育活动不仅能提高大学生对网络行为规范的认知,还能在潜移默化中影响师生的网络行为习惯。通过不断地教育和引导,师生能够在日常网络使用中自觉遵守相关规范,形成良好的网络行为习惯,共同创造健康、文明的校园网络环境。

三、大学生网络道德责任感的培养

(一)提升大学生的网络道德认知水平

1. 设置相关课程

通过精心设计的课程,大学生能够系统地学习网络道德的基本原则,理解网络行为可能带来的多样化后果。这种引导不仅能帮助大学生在理论上掌握网络道德知识,还能促使他们在实际操作中反思和调整自己的网络行为。通过这种方式,大学生能够有效地增强对网络行为后果的认知,从而在网络世界中养成良好的道德行为习惯。

2. 开展网络道德的宣传活动

校园媒体的广泛传播优势,可以有效地向大学生传递网络道德的重要性。网络道德的宣传活动通过生动的案例和广泛的互动,使大学生能够更直观地感受到网络道德的重要性。通过参与这些活动,大学生不仅能够加深对网络道德概念的理解,还能在潜移默化中增强道德认同感。这种认同感的增强,进一步促使大学生在网络行为中自觉遵循道德规范,形成良好的道德责任感。

3. 引入专家讲座和工作坊

专家讲座能够为大学生提供最新的网络伦理动态和案例分析,使大学生在理论学习的基础上,结合实际案例进行深入思考。工作坊则通过互动和讨论的形式,激发大学生的思维碰撞,帮助他们更好地理解网络伦理的现实意义。通过这些活动,大学生能够提升自身的道德判断能力,更加理性地分析和处理网络中的复杂道德问题,从而在网络环境中做出更具责任感的决策。

4. 开展情景模拟和角色扮演活动

通过模拟真实的网络情景,大学生能够在安全的环境中体验和反思自己的网络行为。角色扮演则让大学生在不同的道德立场中转换角色,体验不同的道德冲突和决策过程。这种实践性强的教学方法,不仅提升了大学生的道德判断能力,还提升了他们在真实网络环境中自觉遵循道德规范的能力。

(二) 引导大学生树立正确的网络价值观

网络价值观不仅影响个人的网络行为,也影响社会的网络文明建设。大学生作为网络的主要使用群体,其价值观的形成直接关系网络空间的健康发展。因此,教育者需要通过多种途径帮助大学生建立正确的网络价值观,确保他们能够在复杂多变的网络环境中保持理性的判断。

1. 引导大学生理解网络价值观的重要性

数字时代的快速发展使网络价值观的塑造变得尤为重要,它不仅影响个人的职业发展和社会交往,还关乎整个社会的道德责任感。通过教育,大学生可以认识到网络价值观对个人和社会的双重影响,进而在日常网络活动中自觉践行正面价值观。这种认知的提升有助于培养大学生在网络中的责任意识,推动其为网络文明贡献力量。

2. 培养大学生的批判性思维能力

面对网络中层出不穷的信息,大学生需要具备识别和抵制不良信息的能力。通过教育活动,大学生可以学会如何分析信息的真实性和可靠性,从而避免受到负面影响。这种批判性思维能力的提高,不仅能帮助大学生在网络中保持清醒的头脑,还能提升其在复杂信息环境中的适应能力。

3. 鼓励大学生积极参与网络文明建设

通过参与各种网络活动,大学生可以在实践中体会到传播正能量的价值,进而形成良好的网络互动氛围。教育者可以通过组织线上线下活动,激励大学生在网络中分享积极向上的信息,进而推动整个网络环境的优化。

4. 教育大学生尊重个人隐私和他人权利

大学生需要认识到,在网络环境中,尊重他人的权利十分重要。通过教育,大学生可以增强对隐私和权利的尊重意识,进而在网络互动中自觉维护道德规范。这种意识的培养,不仅提高了大学生自身的道德水平,也为构建和谐的网络环境奠定了基础。

四、网络社区的文明互动与管理

(一)构建文明友好的网络沟通机制

1. 引导大学生在网络沟通中使用礼貌用语

大学生在交流时使用友好、尊重的语言,不仅有助于营造和谐的沟通氛围,也有助于提升大学生的个人修养和社会责任感。礼貌用语的使用能够有效避免网络交流中的误解和冲突,从而创造健康的网络文化环境。此外,在网络沟通中,语言的选择不仅反映了个人的素养,也影响整体的网络氛围。因此,教育者应引导大学生在网络互动中自觉地使用文明的语言。

2. 倡导积极倾听

学生认真倾听他人的观点,尊重不同意见,不仅是对他人的尊重,也是对自我认知的提升。通过倾听,大学生能够更好地理解他人的立场和观点,从而在交流中达到更高层次的互动。积极倾听还可以培养大学生的同理心和批判性思维能力,使他们在面对多元化的网络信息时,能够做出更为理性的判断和选择。这种能力的培养,有助于大学生在复杂的网络环境中,保持清晰的思路和正确的价值观。

3. 鼓励及时反馈

大学生在网络对话中给予对方适时的回应,能够增强沟通的连贯性和互动性。及时反馈不仅是对对话内容的回应,也是对交流对象的认可和尊重。它有助于确保交流的流畅性,使沟通更加有效。在网络交流中,及时的反馈可以避免信息的遗漏和误解,促进信息的准确传达和理解。

4. 培养网络沟通中的情感表达能力

大学生使用适当的表情、语气和文字来传达情感,能够有效地缩短人与人之间的心理距离,提升交流的温度。情感表达能力的培养,不仅能帮助大学生在网络中建立良好的人际关系,还能提升他们的情商和沟通技巧。在网络交流中,情感的适当表达能够使信息传递更加生动和富有感染力,从而使人们在网络互动中建立更加深厚的信任。

(二)加强网络言论的正面引导

在新媒体环境下,大学生作为网络的活跃参与者,其言论不仅影响个人声誉,也影响整个网络社区的氛围。因此,教育者和相关管理者应通过正面引导,帮助大学生树立正确的网络言论观念。

1. 建立网络言论的正向激励机制

学校公开表彰和奖励积极传播正能量内容的大学生,可以激励更多的人参与文明交流。这种激励机制不仅能够提高大学生的参与积极性,还能够在无形中营造良好的校园网络文化氛围。正向激励机制的实施,需要学校与相关组织共同努力,制定明确的激励标准和程序。在此基础上,通过评选优秀网络言论案例,给予表彰和奖励,形成榜样效应,鼓励更多大学生在网络上贡献积极的声音。

2. 邀请专家举办线上讲座

专家的指导能够帮助大学生掌握在网络上进行建设性讨论与沟通的技巧,

从而提升其在网络社区中的互动质量。这些活动不仅提供了理论知识,还通过实际案例分析,使大学生更好地理解如何在复杂的网络环境中保持理性和文明的言论。通过专家的引导,大学生能够更清晰地认识到自身在网络言论中的责任,从而在日常网络使用中,主动传播正能量,维护良好的网络秩序。

3. 成立网络言论监督小组

监督小组的工作包括监测网络言论,评估潜在风险,并及时反馈和引导。这种机制能够有效防范不当言论的传播,确保网络社区的和谐与稳定。通过定期的评估和反馈,大学生能够及时了解自身言论的影响,并在必要时进行自我调整。监督小组的设立,不仅是对网络言论的管理,也是对大学生网络素养提升的促进,帮助他们在网络世界中,成为有责任感的公民。

(三)促进网络社群的和谐共存

通过建立多元化的网络社群,大学生可以在其中找到志同道合的伙伴,并在开放的环境中进行思想交流。多元化的社群不仅能够包容不同背景和兴趣的大学生,还能够促进多样化的思想交流与碰撞。这种多元化的互动有助于培养大学生的包容性思维和跨文化理解能力,为他们在未来的社会生活中进行良好的沟通奠定基础。

为了保障网络社群内交流的尊重与友好,应制定行为规范。明确的互动准则可以为社群成员提供行为指引,帮助他们在交流中保持尊重和友好。这样的规范不仅能减少冲突,还能创造一个积极健康的交流环境。在此基础上,社群成员能够更加专注于内容的分享与讨论,从而提高整体的学习与沟通效率。这种规范化的管理为网络社群的可持续发展奠定了基础。

定期组织线上线下的社群活动有助于增强成员的互动与联系。通过这些活动,成员之间的关系得以增强,社群的凝聚力与归属感也随之提升。线上活动可以打破时间和空间的限制,方便更多成员参与,线下活动则提供了面对面交流的机会,进一步加深成员之间的了解与信任。这种多层次的互动形式不仅丰富了社群活动的内容,也为成员提供了多样化的参与体验。

引入社区管理机制有利于维护社群的和谐与安全。设立专门的社群管理员可以有效地监督社群内的交流动态,及时处理不当言论和行为。管理员的存在不仅保障了社群秩序,也为成员提供了一个可以依赖的管理体系。这种机制有助于在社群中建立信任和安全感,使成员能够在一个和谐的环境中自由表达和交流。

第三节 深化网络安全意识教育

一、网络安全基础知识教育

(一)常见网络威胁及防范措施

常见的网络威胁包括恶意软件、钓鱼攻击、拒绝服务攻击、密码管理不当及社交工程攻击等。通过系统的网络安全教育,大学生可以更好地识别这些威胁,并采取有效的措施进行防护。

1. 恶意软件

恶意软件是网络威胁中最为普遍的一种,其特征包括未经授权的访问、数据窃取和系统破坏等。大学生需要识别恶意软件的特征,了解如何通过安全软件进行防护和定期扫描以避免感染。使用正版软件和定期更新操作系统及应用程序是基本的防护措施。避免访问不可信网站和下载可疑文件也是防止恶意软件入侵的重要手段。

2. 钓鱼攻击

钓鱼攻击通常通过伪装成合法的电子邮件或网页来骗取用户的敏感信息。

大学生应了解钓鱼攻击的常见形式,包括电子邮件和网页钓鱼,掌握识别和应对钓鱼攻击的技巧。大学生也要注意检查邮件发件人地址,警惕要求提供个人信息的链接,并在怀疑时直接联系相关机构确认其真实性。

3. 拒绝服务攻击

拒绝服务攻击是指通过消耗网络资源,使服务无法正常提供。大学生应掌握网络流量监控和过滤技术,以防止服务中断。通过学习网络架构和流量管理,大学生可以有效识别异常流量并采取措施进行阻断。

4. 安全密码管理

大学生应掌握安全密码管理的方法,包括使用密码管理工具和启用双重认证以提高账户安全性。选择长且复杂的密码,定期更换密码,并避免在多个账户中重复使用同一密码,是基本的安全措施。双重认证通过增加额外的验证步骤,进一步提高了账户的安全性。

5. 社交工程攻击

社交工程攻击利用人性弱点获取个人信息,大学生需要了解其手法,学习如何保护个人信息,避免在社交平台上泄露敏感数据。提高警惕,不随意添加陌生人为好友,不在公开平台分享过多个人信息,是防范社交工程攻击的有效方法。通过案例分析,大学生可以更清晰地认识到社交工程攻击的危害,并增强自我保护意识。

(二) 网络行为的安全规范

网络行为的安全规范有利于保护个人信息和维护网络安全。大学生作为网络使用的主要群体之一,必须掌握基本的网络安全行为规范,以防止个人信息泄露和网络攻击的发生。

新媒体视野下大学生群体特性与网络素养教育创新

大学生应确保使用安全性强的密码并定期更换密码,以保护个人账户安全。密码应包含字母、数字和特殊字符,避免使用简单或重复的密码,这样可以有效防止黑客通过暴力破解手段获取账户信息。大学生在设定密码时,应意识到密码的复杂性和唯一性是抵御网络攻击的重要屏障。

在访问不熟悉的网站时,大学生应注意检查网址的安全性。符合超文本传输安全协议(Hypertext Transfer Protocol Secure,HTTPS)的网站能够加密传输数据,降低信息被窃取的风险。HTTPS 是网络安全的基本保障之一,它通过加密通信保护用户的数据不被窃取或篡改。在浏览器地址栏中确认网站是否使用 HTTPS,可以帮助大学生识别和避免潜在的网络威胁。对于不使用 HTTPS 的网站,大学生应谨慎对待,以防止数据泄露。

在公共网络环境中进行敏感操作,如网上银行交易,是极其危险的,大学生应避免此类行为。公共网络通常缺乏安全保护,容易成为网络攻击的目标。使用虚拟私人网络(Virtual Private Network,VPN)可以有效增强网络安全性。VPN 通过加密用户与网络之间的通信,防止数据被截获和监控。大学生在公共场所使用网络时,使用 VPN 能够提供额外的安全保护,确保个人信息和敏感数据的安全传输。

定期更新操作系统和软件,并及时安装安全补丁,是大学生网络安全行为的重要组成部分。操作系统和软件开发商会定期发布安全补丁,以修复已知漏洞并增强系统的安全性。攻击者常常利用这些漏洞实施攻击,因此,保持系统和软件的更新是防止网络攻击的重要措施。大学生应养成定期检查和更新系统的习惯,以确保其设备免受已知威胁的侵害。

谨慎处理电子邮件和消息中的链接和附件,能够有效防止钓鱼攻击和恶意软件感染。网络钓鱼攻击通常通过伪装成合法机构的电子邮件或消息诱导用户点击链接或打开附件,从而窃取个人信息或感染设备。大学生应提高警惕,避免随意点击可疑内容。在处理未知来源的邮件和消息时,大学生应仔细核实发件人的身份,并使用安全软件扫描附件,最大限度地降低安全风险。

二、大学生网络安全意识教育

(一)完善大学生网络安全意识课程的设计

在当今信息化时代,提升大学生的网络安全意识已成为高校教育的重要任务。设计一门针对大学生网络安全意识的课程,可以有效地帮助大学生系统地理解网络安全的重要性。课程应全面涵盖网络安全的基本概念、常见威胁及防范措施,使大学生能够在理论上掌握网络安全的基础知识。这不仅能帮助大学生在日常网络使用中提高警惕,还能为他们在未来的职业生涯中提供一项重要的技能储备。通过这种系统化的课程设计,大学生能更好地认识到网络安全的重要性,并在实际操作中具备基本的防范能力。

(二)开展校园网络安全警示教育活动

网络安全不仅是技术问题,也是关乎每个个体的信息保护问题。通过开展多样化的警示教育活动,大学生可以更好地理解网络安全的重要性,并在日常生活中自觉地加强个人信息的保护意识。

1. 举办网络安全知识讲座

学校邀请网络安全领域的专家学者来校分享最新的安全动态和防范技巧,可以使大学生了解网络威胁的多样性和复杂性。专家通过讲解实际案例,能够帮助大学生掌握应对网络攻击的基本策略,从而提升他们的安全意识和应对能力。这种知识讲座不仅深化了大学生对网络安全的理解,也为他们提供了与专业人士交流的机会,激励他们在学习和生活中更加关注网络安全问题。

2. 组织网络安全情景模拟演练

通过模拟真实的网络攻击场景,大学生能够在实践中检验和提升自己的应对策略。这样的演练活动不仅提升了大学生在面对突发网络安全事件时的应变能力,也提高了他们对潜在网络威胁的警觉性。参与模拟演练的大学生能够更好地理解网络攻击的特点和防范要点,从而在日常生活中更为谨慎地使用网络资源,形成良好的网络使用习惯。

3. 开展校园网络安全宣传周活动

网络安全宣传活动的开展,不仅能提升全校师生的安全防范意识,还能营造浓厚的校园网络安全文化氛围。在宣传周期间,大学生可以通过参与各类活动,深入了解网络安全的重要性,掌握基本的安全防护技能。同时,丰富多样的宣传形式也能吸引更多大学生的关注和参与,形成全校师生共同关注网络安全的良好局面。

三、网络安全技能的提升

(一) 网络安全技能培训课程的开发

为了提升大学生的实际操作能力,网络安全技能培训课程必须包含实操环节。这些环节应在模拟环境中进行,让大学生有机会亲身体验网络攻击与防御的过程。通过这种方式,大学生能够在实践中提升应对实际网络安全事件的能力。模拟演练不仅能帮助大学生理解理论知识的实际应用,还能培养他们在面对突发网络安全事件时的冷静和应变能力。

网络安全技能培训课程需要结合最新的网络安全技术和工具,教授大学生如何使用安全软件进行个人信息保护和网络安全维护。随着技术的不断发展,网络安全的挑战也在不断变化,因此课程内容必须及时更新,以反映最新的技术进步和安全动态。这不仅能够帮助大学生掌握前沿的安全技术,还能培养他们的创新思维和持续学习的能力,使他们能够在快速变化的网络环境中保持竞争力。

（二）模拟网络攻击与防御演练

通过模拟网络攻击与防御演练，大学生能够在近似真实的环境中体验网络攻击的复杂性和多样性，从而加深对网络安全的理解。此外，大学生在安全的环境中犯错并从中学习，进而提高在真实网络环境中的应对能力。

在设计模拟网络攻击演练时，必须精心选择攻击场景和目标，以确保大学生能够在真实感十足的环境中学习。通过选择常见的攻击方式，大学生可以深入理解攻击者的思维模式和技术手段。每种攻击场景的选择都应考虑大学生的知识水平和学习目标，以便他们能够有效地将所学理论应用于实践。攻击演练的实施需要严密的组织和协调，以确保演练的安全性和有效性，这样大学生才能在受控的环境中探索和应对各种网络威胁。

网络防御策略的实操训练旨在帮助大学生掌握配置和使用安全设备的技能。通过实际操作防火墙、入侵检测系统和其他安全工具，大学生能够理解这些设备在网络防御中的重要作用。实操训练不仅提升了大学生的技术能力，也增强了他们对网络安全策略的整体把握。通过反复实践，大学生可以熟练掌握如何在不同的网络环境中配置和优化安全设备，从而有效抵御各种类型的攻击，为未来从事网络安全工作奠定坚实的基础。

应急响应演练旨在培养大学生在网络安全事件中快速反应的能力。通过模拟真实的网络攻击事件，大学生可以锻炼在高压环境下的决策和行动能力。应急响应演练强调团队协作，大学生需要在有限的时间内分工合作，迅速制定和实施应对策略。这样的训练不仅提高了大学生的个人能力，也培养了他们的团队协作精神，为他们未来在网络安全领域的职业发展奠定了基础。

在模拟演练结束后，应建立评估与反馈机制。通过对演练过程的回顾和总结，大学生能够识别自身在技能和知识上的不足。评估机制应包括对大学生表现的全面分析，以及对演练中出现问题的深入探讨。反馈环节不仅帮助大学生认识到自己的短板，还为他们提供了改进的方向和策略。通过不断的评估和反馈,大学生可以持续提升自己的网络安全技能,最终在实际工作中展现出更高的专业水平。

四、网络安全教育资源的整合与利用

(一)构建网络安全教育资源共享平台

网络安全教育资源共享平台旨在汇集丰富的网络安全教育材料,包括视频教程、文献资料和在线课程,让大学生能够随时随地获取所需的知识。这种资源共享平台不仅为大学生提供了便捷的学习渠道,还通过系统化的资源整合,提升了教育的整体质量。通过平台的使用,大学生可以更好地理解网络安全的重要性,并在实践中运用所学知识,增强自身的网络安全意识。

在建立网络安全教育资源共享平台的过程中,需要专家和行业从业者的参与。他们可以提供最新的行业动态和专业见解,确保平台内容的时效性和专业性。定期更新和维护平台内容是保持其活力的关键。通过引入这些专业人士,平台可以为大学生提供更为前沿的知识,帮助他们在不断变化的网络环境中保持竞争力。专家的参与也有助于提升大学生对网络安全的兴趣,激发他们深入学习的动力。

在资源共享平台中设置互动功能,可以有效促进大学生之间的交流与合作。通过鼓励大学生分享自己的学习经验和网络安全实践,平台不仅成为知识获取的工具,也成为社群互动的空间。这种互动不仅能加深大学生对所学内容的理解,还能通过经验分享的形式,帮助其他大学生解决学习中的困惑。这种互动机制也能激励大学生积极参与,营造良好的学习氛围,增强整体教育效果。

整合校内外的网络安全教育资源是构建多元化学习资源体系的重要步骤。通过与高校、企业和专业机构的合作,平台可以引入优质的课程与材料,丰富学习资源的多样性。这种整合不仅能够为大学生提供更广泛的学习选择,还能通过不同领域的资源互补,拓展教育的深度和广度。多元化的资源体系能够满足不同大学生的学习需求,帮助他们在网络安全领域实现更全面的发展。

通过数据分析工具,平台可以跟踪大学生的学习活动和反馈,及时调整和优化资源内容。这种数据驱动的管理方式能够提升教育的精准性和有效性。通过分析大学生的学习行为,平台可以识别出哪些资源最受欢迎,哪些内容需要改进,从而不断优化资源配置,提升大学生的参与感和学习效果。数据分析不仅为平台的持续改进提供了依据,也为个性化教育的实现提供了可能。

(二)优化网络安全知识库的内容

优化网络安全知识库的内容需要构建一个多层次的网络安全知识体系。这一体系应包括基础知识、技术技能和实战应用,以满足不同大学生的学习需求。大学生群体具有多样化的背景和兴趣,他们在网络安全领域的需求也不尽相同。因此,知识库的设计需要灵活多样,既要提供基础知识的普及,又要提供技术技能的培养和实战应用的指导。通过这样的体系建设,大学生能够根据自身的学习进度和兴趣选择适合的学习途径,从而提升整体的网络安全意识和技能水平。

定期更新知识库内容有助于保持其时效性和相关性。随着网络安全威胁和防护技术的不断演进,知识库的内容也必须与时俱进。这不仅包括对新型威胁的识别和应对策略的介绍,还包括对最新防护技术的分析和应用指导。通过定期的内容更新,确保大学生能够接触到最新的信息和技术,从而在面对网络安全挑战时具备更强的应对能力。这种动态更新机制也有助于提高大学生对知识库的关注和使用频率,形成良性的学习循环。

多种形式的学习材料,如视频教程、在线课程和互动练习等的整合运用,可以显著增强大学生的学习体验和知识吸收效果。多媒体形式的学习材料不仅能够吸引大学生的注意力,还能够通过不同的感官刺激来提高信息的传递效率。视频教程可以直观地展示复杂的技术操作,在线课程可以提供系统化的学习途径,互动练习则有助于提升大学生对知识的理解和应用能力。在这种多样化的学习环境中,大学生能够更好地掌握网络安全知识,实现理论与实践的有效结合。

建立知识库的用户反馈机制有助于优化其内容和结构。通过鼓励大学生提出改进建议,可以更好地了解他们的学习需求和使用体验。这种反馈机制不仅可以帮助大学生识别知识库中的不足和改进空间,还可以激发大学生的参与感和主人翁意识。教育者应根据大学生的反馈意见,及时调整和优化知识库的内容和结构,使其更符合大学生的实际需求和学习习惯,从而提高教育资源的利用效率。

开发特定人群的学习模块,如新生、研究生和特定专业的大学生,能够提升学习的针对性和有效性。不同群体在网络安全学习中的需求和目标各不相同,新生可能需要基础知识的普及,研究生和特定专业的大学生则可能需要深入的技术和应用指导。通过定制化的课程设计,可以更好地满足不同群体的学习需求,提高他们在网络安全领域的知识水平和实践能力。这种差异化的教育策略有助于实现网络安全教育的精准化和个性化。

第四节　开设网络素养通识课程

一、网络素养通识课程的设计原则

(一)以大学生实践能力为导向

在网络素养通识课程的设计中,以大学生实践能力为导向原则强调实践导向的课程设计,利用项目驱动学习的方式,提升大学生的实际操作能力。这样的设计不仅是为了传授理论知识,也是为了确保大学生能够在真实情境中应用网络素养知识。这种方法不仅能够激发大学生的学习兴趣,还能有效地提高他们在实际操作中的自信心和能力。

为实现以大学生实践能力为导向原则,学校可以在课程设计中融入多样化的实践活动。例如,通过组织网络安全演练活动,大学生能够在模拟的网络环中识别和应对潜在的安全威胁,提升危机处理能力。内容创作比赛也是一种有效的实践活动,大学生在创作过程中能够提升其信息甄别能力和内容创作技巧。这些活动不仅能丰富课程内容,还能激励大学生积极参与,进而提高其整体网络素养水平。

在课程中,鼓励大学生进行团队合作是重要策略。通过小组项目,大学生不仅能够提升协作能力和沟通技巧,还能在互动中培养团队意识和集体责任感。团队合作的过程使大学生意识到个人能力与集体智慧的结合能够产生更佳的学习效果,这对他们未来的职业发展至关重要。

为了保证课程的有效性,必须引入反馈机制。通过定期评估大学生在实践中的表现与进步,教师能够及时了解大学生的学习状态和需求。这个过程不仅能帮助教师调整教学策略以更好地满足大学生的学习需求,还能为大学生提供个性化的指导,促进其能力的持续提升。这样的反馈机制确保了课程的动态调整,使其始终贴合大学生的实际能力和发展需要。

(二) 培养大学生的创新思维与批判性思维

通过设计网络素养通识课程,大学生能够在多元化的学习环境中培养创新思维与批判性思维。这种课程不仅旨在提高大学生的技术技能,还注重培养他们在复杂网络环境中独立思考和创新解决问题的能力。课程内容应当结合新媒体的特性,帮助大学生在信息爆炸的时代中筛选和分析信息,形成个人的见解。通过这种方式,大学生不仅能够适应快速变化的网络环境,还能在其中发挥创造性作用。

在课程中,鼓励大学生进行跨学科的项目合作能够有效促进其创新思维发展。不同学科的项目合作能够带来多样化的思维方式,在合作中,大学生可以通过交流与协作,碰撞出新的想法。这种合作不仅能提升大学生的团队合作能力,还能帮助他们打破学科界限,形成综合性思维。通过项目合作,大学生有机会将理论知识应用于实际问题,培养解决实际问题的能力,为未来的职业发展奠定基础。

开放性问题的讨论环节有利于培养大学生的批判性思维。在讨论中,大学生被引导去分析问题的多种可能性,探索不同的解决方案。这种开放性问题的设计要求大学生不仅要提出自己的观点,还需要通过逻辑推理和证据支持来论证其合理性。通过这种方式,大学生能够锻炼独立思考能力,学会在复杂的网络信息中辨别真伪,做出明智的判断,从而提升网络素养。

创意工作坊的开展为大学生提供了一个自由探索的空间,有助于激发其创造力与想象力。在工作坊中,大学生可以通过不同的活动和任务,进行思维发散,挑战传统的思维模式。这种环境鼓励大学生大胆尝试新的想法,接受失败并从中学习。创意工作坊不仅是一个培养大学生创新能力的平台,也是一个让大学生在实践中体验和反思的机会,帮助他们在不断地尝试中提升自我。

(三)注重跨学科知识融合

在设计网络素养通识课程时,通过将不同学科的知识进行有机的结合,大学生不仅能够在单一学科中获得深刻的理解,还能够在学科交叉点上拓宽自己的视野。这种知识融合的方式,能够使大学生在面对复杂问题时,具备多维度的思考能力和解决能力。跨学科课程设计的一个重要目标是提升大学生的综合素质,鼓励他们在不同学科的交叉领域进行探索与学习。通过这种方式,大学生能够更好地适应快速变化的社会需求,并在多元化的环境中找到自己的发展途径。

跨学科项目的引入,有利于培养大学生的创新能力。通过参与这些项目,大学生有机会将不同领域的知识和技能融会贯通,形成更为全面的解决方案。这样的教育模式不仅能够提高大学生的创新能力,还能够培养他们的批判性思维和问题解决能力。在跨学科项目中,大学生需要不断地将理论知识应用于实践,从而提高在真实情境中的应变能力和实践能力。这种能力的培养,有利于大学生未来的职业发展和个人成长。

鼓励师生之间的跨学科合作,能够有效促进知识共享与交流。跨学科合作不仅能够增强团队合作意识和集体责任感,还能够激发创新思维。在这种合作中,师生可以通过不同学科的视角,激发出新的想法和解决方案。这种合作模式,不仅能够提升教学效果,还能够为大学生提供更为多样化的学习体验。通过跨学科的合作,大学生能够更好地理解知识的互联性,并在团队协作中学会如何有效地沟通和合作。

二、网络素养通识课程的教学内容

(一) 网络信息检索与评价能力的培养

网络信息检索与评价能力的培养,旨在帮助大学生掌握获取信息的基本方法,并在此基础上进行信息的深入分析和评价。通过系统的教学,大学生能够理解信息检索的基本原理,提升在多样化信息环境中快速定位所需信息的能力。此外,课程还强调批判性思维的运用,鼓励大学生在获取信息后进行分析和反思,从而形成全面的理解和判断。这一能力不仅关系大学生在学术研究中的表现,也影响其日常生活中的信息处理能力。

网络信息检索工具的使用技巧是网络素养教育的重要组成部分。大学生需要熟练掌握各种搜索引擎和数据库的使用方法,以便在海量信息中快速找到所需内容。课程需要详细介绍不同检索工具的特点和使用场景,并通过实际操作帮助大学生掌握高级搜索技巧。这不仅提高了信息检索的效率,也帮助大学生在复杂的信息环境中保持信息获取的准确性和相关性。

在网络信息纷繁复杂的背景下,评估信息来源的可靠性与权威性是网络素养教育的核心任务之一。大学生需要学会识别信息背后的来源,并通过一系列标准评估其可信度。这包括对信息发布者的背景调查、信息内容的交叉验证及对信息传播渠道的分析。通过案例分析,课程能够帮助大学生在真实情境中应用这些评估技巧,从而提高其判断信息真实性的能力。这一能力不仅有助于大学生在学术领域进行严谨的研究,也有助于其在日常生活中免受虚假信息的误导。

在信息爆炸的时代,如何有效筛选与组织信息是大学生必备的技能之一。

课程将教授大学生如何运用多种策略来筛选出最相关和有用的信息，并将其组织成易于理解和使用的形式。通过学习信息分类、优先级排序及信息图表化等方法，大学生能够将复杂的信息转化为简洁的知识结构。这不仅提高了信息处理的效率，也提升了信息的可视化表达能力，使大学生在学术和职业场景中能更有效地交流和展示信息。

批判性信息分析能力是网络素养教育的目标之一。大学生需要在获取信息后进行深度分析，理解信息背后的含义和潜在偏见。课程将通过理论与实践相结合的方式，教授大学生如何识别信息中的逻辑关系、情感操控和隐性假设。通过批判性阅读和分析练习，大学生能够形成独立思考的能力，从而在信息纷杂的环境中保持清晰的判断。

（二）在线沟通与协作技能的提升

在网络环境中，大学生需要掌握有效的表达技巧，以确保信息的准确传递。通过课程的引导，大学生能够学习如何使用清晰、简洁的语言进行在线交流，从而提高信息传递的效率。此外，课程还将通过模拟场景和案例分析，帮助大学生识别并克服常见的沟通障碍，提升其在不同情境下的适应能力。

大学生在网络环境中积极倾听的能力是网络素养教育的重要组成部分。积极倾听不仅包括对信息的理解，还包括对他人观点的尊重和包容。通过课程设置，大学生将学习如何在在线交流中保持开放的态度，认真倾听他人的意见，并给予适当的反馈。这种能力的培养有助于营造良好的互动氛围，增强团队协作的效果。课程中将通过角色扮演和小组讨论等方式，帮助大学生在实践中体会积极倾听的价值，从而提升他们的人际沟通能力。

大学生使用适当的在线沟通工具和平台有助于提升协作的便利性和有效性。在信息技术飞速发展的今天，各种在线工具层出不穷，选择合适的平台进行信息交流显得尤为重要。课程需要介绍当前主流的在线沟通工具，分析其优缺点，并指导大学生在不同的情境下选择最适合的工具。课程还需要强调信息安全和隐私保护的重要性，帮助大学生在使用这些工具时保持警觉，确保个人信息的安全。

大学生在网络协作中明确角色分工与任务责任,能够有效提高项目的执行效率与质量。通过明确的分工,大学生能够更好地理解自己的职责,并在团队中发挥最大作用。课程需要通过项目实践,指导大学生如何在团队中进行角色分配,设定清晰的任务目标,并有效地协调各成员的工作。这样的训练不仅能提升大学生的团队合作意识,也能提高他们的项目管理能力,为其未来的职业发展提供有力支持。

(三)数字内容创作与分享的技巧

大学生作为新媒体的主要使用者,需要掌握数字内容创作的基本工具与软件,了解其功能与使用技巧,并能够有效地进行图像、视频和音频的编辑与制作。这不仅是提高个人表达能力的基础,也是适应数字时代专业需求的必备技能。通过学习图像处理软件、视频编辑软件及音频剪辑工具,大学生能够创作出更加专业和吸引人的数字作品。

内容的吸引力在数字时代至关重要,因此,大学生必须学习如何设计吸引人的内容结构。好的内容结构不仅包括吸引人的标题,还需要合理安排段落和视觉元素的搭配,以提高作品的可读性和吸引力。视觉元素的巧妙运用,如色彩搭配、图像选择等,可以极大地增强内容的视觉冲击力,从而吸引更多的受众。

内容创作完成后,如何有效地进行分享是一门学问。培养有效的内容分享策略,选择合适的社交媒体平台及发布时机,是受众参与和互动最大化的关键。在全球化背景下,国内外社交媒体平台的使用习惯存在差异,大学生需要根据目标受众的特性选择适合的平台。发布时机的选择也需要考虑受众的活跃时间和内容的时效性,以确保内容能够在最佳时间段内被更多人看到。

(四)隐私保护与数据安全意识的增强

在网络环境中,教育工作者帮助大学生认识到隐私泄露可能带来的风险与后果,是教育工作者的重要任务。隐私泄露不仅可能导致个人经济损失,还可能影响个人声誉和心理健康。因此,网络素养课程应强调隐私保护的重要性,引导大学生在日常网络活动中保持高度的警惕性。

　　大学生掌握隐私设置的基本技巧有助于提升个人的网络素养。教育工作者指导大学生如何在社交媒体和其他在线平台上调整隐私设置，以控制个人信息的可见性和使用权限，是课程设计的核心内容之一。通过案例分析，大学生可以更直观地理解隐私设置的重要性，以及如何在不同平台上有效地保护个人信息。课程还应教授大学生如何评估各类应用的隐私政策，帮助他们在使用网络服务时做出明智的选择。

　　数据安全基本知识的学习能够提升大学生对个人账户和数据的保护能力。密码管理、双重认证等措施是确保数据安全的基本手段。课程应详细讲解这些措施的实际应用，帮助大学生在日常生活中有效地保护自己的数字资产。

　　大学生的风险识别能力是网络素养教育的目标之一。教育工作者帮助大学生识别网络诈骗、钓鱼攻击等常见网络安全威胁，并掌握相应的防范策略，是保护个人信息和数据安全的基础。课程应通过历史背景的讲解，分析网络安全威胁的演进过程，增强大学生的防范意识。通过模拟和实践活动，大学生可以在真实情境中锻炼自己的风险识别能力，提高应对网络安全威胁的自信心和能力。

三、网络素养通识课程的教学方法

（一）在线互动课堂与即时反馈机制

　　在线互动课堂通过实时问答功能，极大地增强了大学生的参与感与互动性。大学生在课堂中可以即时提出问题，并获得教师的及时解答，这种互动不仅促进了知识的及时消化与理解，也激发了大学生的学习兴趣。在这种环境下，大学生不再是被动的知识接受者，而是课堂的主动参与者，极大地提高了学习的效率。

　　即时反馈机制是在线互动课堂的一大亮点。通过这一机制，教师能够快速评估大学生的理解程度，并根据反馈调整教学策略。这种灵活的教学方式能够有效增强教学效果，使教学过程更加符合大学生的实际需求。教师可以通过这种反馈机制,及时发现大学生在学习过程中遇到的困难,从而有针对性地进行辅导和支持,确保每一位大学生都能跟上课程的进度。

在线投票和调查工具为教师提供了了解大学生观点和兴趣的便捷途径。通过这些工具,教师可以收集大学生对课程内容的看法,及时了解大学生的需求与兴趣,以此为基础对课程设计进行优化。这种以大学生为中心的教学设计,不仅提高了课程的吸引力,也增强了大学生对课程的投入度,使教学效果更加显著。

小组讨论和协作工具在在线互动课堂中的应用,为大学生提供了团队合作的机会。通过这些工具,大学生可以在互动课堂中进行团队合作,培养协作能力和集体责任感。这种协作学习模式,不仅有助于大学生掌握知识,也有助于培养他们的社会交往能力和团队合作精神,为他们未来的职业发展奠定基础。

在线互动平台提供的多样化教学资源和学习材料,支持大学生的自主学习和探索。这些资源的灵活性,使大学生可以根据个人兴趣和学习进度,自主安排学习计划。这种学习方式不仅增强了学习的灵活性,也培养了大学生的自我管理能力和独立思考能力,使他们在信息时代更具竞争力。

(二)案例导向的实践教学任务设计

案例导向的教学方法能够帮助大学生在多元化的网络环境中辨别信息的真伪,理解网络行为的伦理道德,并通过反思和讨论,形成自己的网络行为准则。

1. 开展网络文化作品创作比赛

网络文化作品创作比赛不仅激发了大学生的创造力,还促进了团队合作和跨学科交流。在比赛中,大学生围绕特定主题进行数字内容的创作,如短视频、图文并茂的博客或多媒体演示等。这个过程不仅锻炼了大学生的数字工具使用能力,还培养了他们对网络文化的敏感度和理解力。通过团队合作,大学生能够在交流与互动中提升协作能力,在创意碰撞中激发出新的灵感。

2. 组织线上线下结合的社交媒体营销项目

在社交媒体营销项目中,大学生需要制定详细的营销策略,并通过社交媒体平台实施这些策略，最后对其效果进行评估。这种教学任务不仅培养了大学生的市场意识，还提高了他们的实际操作能力。通过项目实践，大学生能够理解市场需求，掌握数据分析的方法，并在不断调整策略的过程中，培养应变能力和创新思维。

3.实施数字身份保护工作坊

在工作坊中，大学生通过实际操作学习如何设置隐私保护措施，如密码管理、双重认证和社交媒体隐私设置等。这些技能的掌握不仅增强了大学生的个人信息安全意识，还提高了他们在网络环境中的自我保护能力。通过模拟网络安全情境，大学生能够识别潜在的网络威胁，并在实际操作中提升应对能力。这种以实践为导向的教学方法，有助于大学生在日益复杂的网络环境中，保持对自身数字身份的有效管理和保护。

第四章　新媒体视野下大学生网络素养教育方法创新

第一节　混合式教学模式在网络素养教育中的应用

一、混合式教学模式概述

(一)混合式教学模式的内涵

混合式教学模式结合了传统课堂教学与在线学习的优势,旨在为学习者提供更加多样化和个性化的学习体验。该模式的核心在于通过线上资源的丰富性和线下课堂的互动性来提升教育质量。在线学习平台为大学生提供了自主安排学习进度的机会;线下课堂强调面对面的交流和实践,帮助大学生更好地理解和应用知识。在网络素养教育中,混合式教学模式不仅提高了大学生对信息的批判性思考能力,还提升了他们在数字环境中有效沟通的能力。

混合式教学模式强调线上与线下学习的有机结合。在线学习部分通常包括视频讲解、在线测验和讨论论坛,大学生可以根据个人需求进行学习;线下部分主要集中于小组讨论、实践操作和案例分析,旨在加强大学生的实际应用能力和团队合作意识。在网络素养教育中,这种结合方式不仅提高了大学生对数字工具的熟练度,还增强了他们在多元媒体环境下的适应能力。

混合式教学模式有助于提升学习者的自主学习能力。通过在线学习,大学生可以根据自己的节奏和理解能力选择学习内容和时间,这种灵活性有助于培养他们的自律性和时间管理能力。此外,在线资源的多样性和可访问性使大学生能够更深入地探索感兴趣的主题,激发他们的学习动机和创新思维。在网络素养教育中,自主学习能力的提升尤为重要,因为它直接影响大学生在信息获取、分析和应用过程中的效率和效果。

混合式教学模式在网络素养教育中的灵活性与适应性体现在教师可以通过调整线上和线下活动的比例,满足不同大学生的学习习惯和进度要求。此外,该模式能够迅速响应技术发展和教育需求的变化,为大学生提供最新的学习资源和方法。在新媒体环境下,这种灵活性使网络素养教育能够帮助大学生掌握必要的技能和知识。

混合式教学模式通过多种渠道促进师生互动与反馈机制的创新。在线平台提供了即时反馈和互动的机会,使大学生能够及时获得教师的指导和建议。线下课堂通过面对面的交流和讨论,深化了师生之间的理解和信任。在网络素养教育中,这种互动和反馈机制不仅提高了教学的有效性,还增强了大学生的参与感和责任感,使他们在学习过程中更加积极。

(二)混合式学习模式的优势

1. 激发大学生的学习动机

通过多样化的学习形式,混合学习能够有效激发大学生的学习动机。在新媒体环境下,大学生可以通过视频、在线讨论、互动游戏等多种形式进行学习。这些丰富的学习方式不仅激发了大学生的兴趣,还增强了他们的学习主动性。相比传统的单一教学模式,混合学习更能适应大学生的学习习惯和心理特征,从而使他们在轻松愉悦的氛围中掌握与网络素养相关的知识。

2. 提供个性化的学习体验

在这种模式下,大学生可以根据自己的学习节奏和需求,选择适合的学习资源和方式。这种灵活性使大学生能够在学习过程中进行自我调整,从而更有效地掌握课程内容。个性化学习不仅提高了学习效率,还满足了不同大学生的学习需求,特别是在网络素养教育中,大学生可以根据自身的技术水平和兴趣领域,选择不同的学习方案,获得更具针对性的知识和技能。

3.促进多元化的评估方式

在网络素养教育中,通过线上测试和线下互动结合的评估方法,教师能够更全面地评估大学生的网络素养水平。线上测试可以及时反馈大学生的学习效果;线下互动提供了实践应用的机会,帮助大学生更好地理解和运用所学知识。这种评估方式不仅关注大学生的知识掌握情况,还重视他们在实际应用中的表现,从而形成了全面的评价体系。

4.完善学习社区的建设

在新媒体环境下,大学生通过线上平台和线下活动的结合,能够更好地进行交流与合作。在线论坛、社交媒体和线下研讨会等形式,为大学生提供了丰富的交流渠道,促进了知识的共享和观点的碰撞。这种学习社区的建设,不仅提升了大学生的学习效果,还培养了他们的团队合作能力和沟通技巧,为未来的学习和工作奠定坚实的基础。

二、混合式教学模式在网络素养教育中的适用性分析

(一)混合式教学模式对大学生网络素养培养的促进作用

通过混合式教学模式,大学生能够在多元化的学习环境中提升对网络素养的实际应用能力。这种模式能够让大学生在真实环境中更好地理解和运用网络知识,进而提高他们的适应能力和实践能力。通过线上学习,大学生可以灵活地安排学习时间,充分利用网络资源进行自主学习。线下课堂为大学生提供了实践和互动的机会,使他们能够将所学知识用于实际问题的解决。

混合式教学模式鼓励大学生主动探索和利用多种在线资源,从而增强其信息获取和处理能力。这种模式的优势在于它不只依赖传统的教学材料,还通过网络提供丰富的学习资源,以使大学生能够接触到最新的知识和技术。通过这种方式,

大学生的网络素养在信息检索、数据分析及批判性思维等方面得到了全面提升。同时,大学生在使用这些资源的过程中,能够培养良好的信息素养和数字素养。

混合式教学模式中的多样化评估方式为大学生提供了全面考查其网络素养的机会。通过不同场景下的评估,大学生能够识别自身的优劣势,并在此基础上进行有针对性的改进。这种评估方式不仅包括传统的考试和作业,还包括项目展示、在线讨论及小组合作等多种形式,使大学生能够在多元化的环境中展示和提升自己的能力。这种全面的评估体系有助于培养大学生的综合素质,并且使其能够在复杂多变的网络环境中做出正确的判断和决策。

(二)不同专业背景下混合式教学模式差异化应用的策略

人文学科专业的大学生在网络素养教育中需要特别关注文本分析和批判性思维的培养。混合式教学模式通过将传统课堂教学与在线学习相结合,为大学生提供了丰富的在线资源,鼓励他们进行文献检索和分析。这种方法不仅能提高大学生的信息获取能力,还能促进他们对信息的批判性思考,帮助他们在复杂的网络环境中辨别信息真伪。

对于理工科专业的大学生,混合式教学模式的重点在于将网络素养与数据处理能力相结合。通过这种教学模式,大学生可以在课堂上学习数据的获取、处理和可视化技术,同时通过在线平台进行实践操作。这种结合不仅提升了大学生的数据分析能力,还增强了他们在实际应用中的创新能力。通过不断实践与反馈,大学生能够更好地理解数据在网络环境中的应用,进而提高其整体网络素养。

艺术设计专业的大学生在网络素养教育中,需要通过数字化工具和在线平台的使用来提升其创意表达与作品展示能力。混合式教学模式为大学生提供了一个多元化的学习环境,使他们能够在网络平台上展示作品并获得反馈。这种方式不仅提高了大学生的艺术素养,还增强了他们在网络环境中的传播能力。通过网络平台的互动,大学生可以更好地理解不同文化背景下的艺术表达,提升其在全球化背景下的竞争力。

社会科学专业的大学生在网络素养教育中,可以通过线上讨论与线下实践相结合的方式,提升对社会问题的理解与分析能力。混合式教学模式为大学生提供了一个开放的讨论平台,使他们能够针对社会热点问题进行深入探讨,同时通过线下的实践活动,将理论知识应用于现实。这样的教学方式不仅培养了大学生的批判性思维,还提升了他们在网络环境中进行有效沟通的能力。这种能力在当今信息爆炸的时代能够帮助大学生在纷繁复杂的网络信息中保持清晰的思路。

三、混合式教学模式实施中的技术支持与资源整合

(一)技术平台选择与优化策略

1. 选择合适的在线学习平台

在新媒体环境中,一个功能全面的在线学习平台应能够支持多种教学活动,如视频课程、在线讨论和作业提交。这不仅有助于教师灵活地设计教学内容,也能满足大学生多样化的学习需求。在平台的选择中应考虑其稳定性和扩展性,以确保在高峰使用时不影响教学质量。此外,平台的兼容性也是一个重要因素,以确保大学生可以在不同设备上访问学习资源。

2. 优化用户界面

一个简单直观的操作界面可以降低大学生的学习成本,使他们能够专注于学习内容本身而不是技术操作。设计用户界面时,应注重人性化和易用性,帮助大学生快速找到所需的学习资源和工具。通过提升用户体验,大学生的学习积极性和参与度也会随之提高。

3. 整合多种数字资源

电子书、视频教程和在线测评工具等资源可以为大学生提供多渠道的学习

体验。这种多样化的资源不仅可以满足不同学习习惯的大学生,还可以帮助他们更全面地掌握网络素养知识。在资源整合的过程中,应注重资源的质量和相关性,确保其能够支持教学目标的实现。

4. 建立有效的技术支持团队

在使用在线平台的过程中,大学生和教师可能会遇到各种技术问题,因此一个反应迅速、解决问题能力强的技术支持团队是必不可少的。技术支持团队应定期接受培训,了解最新的技术发展,以便在第一时间为用户提供帮助。通过及时的技术支持,教学活动能够顺利进行,同时大学生的学习体验也会得到显著提升。

5. 定期评估和更新技术平台

根据大学生的反馈和学习效果,教学团队应不断调整和改进平台的功能和资源配置。这种动态的评估机制有助于发现平台使用中的不足之处,并及时做出调整,以保持教学活动的高效性和创新性。

(二)数字资源的有效整合与共享

随着新媒体技术的迅猛发展,传统的教学资源已经无法完全满足大学生的学习要求。因此,建立一个全面的数字资源库,整合各种学习材料显得尤为重要。这些材料如电子书、视频、在线课程等,能够为大学生提供丰富的学习选择,并且使他们能够根据自身的学习进度和兴趣按需获取资源。这种资源整合不仅提高了学习的便捷性,也培养了大学生的自主学习能力。

推动教师之间的资源共享是提升教学质量和效率的重要途径。通过建立协作平台,教师可以在平台上分享和交流优秀的教学资源和经验。这种资源共享机制不仅能够提高教师的教学水平,还能促进教学方法的创新和改进。教师可以借鉴他人的成功经验,结合自身的教学实践,不断优化课程内容和教学方式。此外,这种协作平台也为教师之间的学术交流提供了便利,促进了跨学科的合作与互动,为教学资源的丰富性和多样性提供了保障。

云存储技术的应用为数字资源的安全性和可访问性提供了有力保障。通过云存储,大学生和教师可以随时随地访问学习材料,极大地提高了学习的灵活性和便利性。云存储不仅解决了传统存储方式中资源易丢失、难共享的问题,还为资源的更新和管理提供了技术支持。通过云技术,学校可以更高效地管理和分发教学资源,确保每一位大学生都能平等地获取优质的学习材料,促进教育公平。

数字资源的定期评估与更新是保证资源时效性和适用性的关键步骤。结合大学生的反馈和学习效果,教育机构可以对现有资源进行分析和评估,及时淘汰过时或不适用的内容,补充新的资源。这一过程不仅能确保教学资源的高质量,还能适应不断变化的教育需求和科技发展趋势。通过持续的资源更新,大学生能够接触到最新的知识和信息,从而保持学习的活力和动力。

鼓励大学生参与数字资源的创建与分享,是提升其信息素养与创造力的重要手段。在这个过程中,大学生不仅是知识的接受者,还是知识的创造者和传播者。通过参与资源的创建,大学生能够更深入地理解学习内容,培养批判性思维和创新能力。同时,分享自制资源能增强大学生的成就感和自信心,激发其主动学习的热情。这种学习方式不仅提高了大学生的信息素养,还为教育的可持续发展注入了新的活力。

第二节 情景模拟教学法在网络素养教育中的实践

一、情景模拟教学法的内涵

情景模拟教学法是一种以真实或虚拟情境为基础的教学方法,旨在通过构建逼真的学习环境提升大学生的参与感并激发学生的学习动机。这一方法不仅强调理论知识的传授,还注重实践性。通过模拟现实世界的情境,大学生能够在具体的情境中运用和巩固所学的知识。这种教学法的核心在于通过模拟和角色扮演等手段,让大学生在互动中获得深刻的学习体验,从而提高他们在真实世界中解决问题的能力。通过构建逼真的网络环境,大学生可以在模拟的网络情境中进行探索和实践,增强对网络素养的理解。通过这种沉浸式学习体验,大学生不仅能够提高对网络环境的适应能力,还能在实践中培养批判性思维和问题解决能力。这种教学方法不仅有助于大学生在学习过程中保持高度的参与度,还能激励他们在真实的网络环境中应用所学知识。

情景模拟教学法强调实践性,帮助大学生在真实情境中应用所学知识。通过这种方法,大学生可以在模拟的情境中进行实践操作,从而将理论知识转化为实际能力。这种实践性不仅提升了大学生的学习效果,还能增强他们在面对复杂问题时的应对能力。在网络素养教育中,情景模拟教学法通过模拟网络安全事件、信息检索任务等情境,帮助大学生在实践中掌握网络技能,提升他们在数字时代的竞争力和适应能力。

情景模拟教学法促进大学生批判性思维和问题解决能力的培养,这在网络素养教育中尤为关键。在模拟情境中,大学生需要面对各种复杂的问题和挑战,通过分析和思考寻找解决方案。这一过程不仅锻炼了大学生的批判性思维能力,还提高了他们在面对复杂网络环境时的决策能力。通过这种教学方法,大学生能够在模拟的情景中不断反思和总结经验,从而在真实的网络环境中更加从容应对各种挑战。

二、情景模拟教学案例的核心要素

(一)情境设计原则与目标

1. 基于真实网络环境

情境设计应基于真实的网络环境,以确保大学生能够在模拟中体验到实际操作的复杂性与挑战性。通过模拟真实的网络情境,大学生能够更直观地感受到网络世界的多样性与动态性。这种真实感不仅能提高大学生的学习兴趣,还能让他们在实践中更好地掌握网络素养技能。在设计情境时,应充分考虑当前网络环境的特点和趋势,使大学生能够在逼真的情境中进行学习和探索。

2. 明确情景模拟的学习目标

学习目标的明确有助于大学生全面理解所需掌握的网络素养技能与知识点。在设计情境时,教育者需要根据课程目标设定具体的学习任务和评估标准,从而引导大学生在情境中有目的地进行学习和实践。这种目标导向的设计不仅能提高教学效率,还能帮助大学生在学习过程中不断调整和改进自己的学习策略,最终达到预期的学习效果。

3. 设计多样化的角色

通过设计不同的角色,大学生能够从多角度进行思考,增强对网络行为的理解与责任感。角色扮演能够培养大学生的创造力和批判性思维,使他们在不同的情境中体验角色的责任与决策的后果。这种多角色的设计不仅能丰富学习体验,还能培养大学生的同理心和对网络伦理的深刻理解,从而促进其网络素养的全面发展。

4. 包含互动元素

情景模拟应包含互动元素,以鼓励大学生之间的合作与讨论,提升其社交技能与团队协作能力。通过情景模拟,大学生可以在模拟的网络社区中进行角色扮演和互动交流。这种互动不仅能加深大学生对所学内容的理解,还能通过合作学习提高其团队协作能力和解决问题的能力。

5. 确保情景模拟具有安全性

安全的学习环境能够让大学生在无风险的情况下尝试不同的网络行为,增强其对网络安全的认知。教育者在设计情境时,应充分考虑大学生可能面临的风险,并通过技术手段或教学策略来规避这些风险。通过在安全的环境中进行模拟,大学生能够更自信地进行尝试,从而在不断的实践中提高他们的网络安全意识和技能。

(二)模拟场景的选择与构建

在选择与构建模拟场景时,应充分考虑大学生的网络使用习惯和心理特点,以确保情境的真实感和相关性。大学生是新媒体的主要使用群体之一,其网络行为具有明显的个体差异和复杂性。因此,在场景构建中,必须深入研究大学生在网络环境中的行为模式和心理反应,以便设计出能够真实反映其网络生活的情境。这不仅能提高教学的针对性和有效性,也能增强大学生的参与感和投入度。

模拟场景应涵盖多种网络行为,如社交媒体互动、在线学习、信息检索等,以全面提升大学生的网络素养。在现代社会中,大学生几乎每天都在使用各种网络平台进行交流、学习和获取信息。因此,设计的模拟场景需要涵盖这些常见的网络行为,以便大学生能够在模拟中练习和提升其在不同网络情境中的素养。例如,通过模拟社交媒体上的信息发布与交流,可以帮助大学生理解和思考信息传播的影响力和责任感;通过对在线学习平台的模拟使用,可以提高大学生的信息检索和评估能力。

在设计模拟场景时,应注重情境的多样性,创造不同的情境,从而满足不同专业背景的大学生需求。大学生来自不同的学科背景,其网络使用需求和特性也有所不同。因此,在构建模拟场景时,需要考虑这些差异,设计出能够满足不同专业大学生需求的情境。例如,针对计算机科学专业的大学生,可以设计与网络安全相关的模拟场景;针对人文学科的大学生,可以设计与网络伦理和文化传播相关的情境,以使每名大学生都能在模拟中获得与其专业相关的网络素养提升。

场景构建应考虑现实生活中的网络安全问题,使大学生在模拟中体验到应对网络风险和挑战的复杂性。在当前的网络环境中,安全问题日益突出,这要求大学生应具备一定的风险识别和应对能力。因此,在模拟场景中融入现实的网络安全问题,不仅可以提高大学生的警觉性,还可以帮助他们在实践中掌握基本的安全防护技能。例如,通过模拟网络诈骗或信息泄露的情境,大学生可以学习如何识别和处理潜在的网络威胁,从而在现实生活中更好地保护自身的信息安全。

模拟场景应包含可评估的学习目标,以便在实践后能够有效地评估大学生的网络素养提升情况。情景模拟教学的最终目标是提升大学生的网络素养,因此在设计场景时,必须明确学习目标,并设计相应的评估标准。这些目标可以是技能性的,如提高信息检索能力;也可以是态度性的,如增强对网络伦理的理解。通过明确的学习目标和评估标准,教师可以在教学后准确评估大学生的进步情况,并根据评估结果调整教学策略,进一步优化网络素养教育的效果。

(三)角色扮演设计与用户参与设计

1. 角色扮演设计

角色扮演设计应基于大学生的兴趣和专业背景,这不仅能激发大学生的学习热情,还能确保他们在模拟过程中更好地投入和参与。通过将角色扮演与大学生的专业学习相结合,教育者可以创建更具吸引力和相关性的学习体验,使大学生能够在模拟中更深入地理解网络素养的概念和应用。

角色扮演应包括多样化的角色设置,以促进大学生从不同视角理解网络行为及其后果。通过扮演不同的角色,大学生能够体验到网络世界的多样性和复杂性,进而培养批判性思维和解决问题的能力。此外,多样化的角色设置还可以帮助大学生理解网络行为对个人和社会的不同影响,从而提高他们在网络环境中的责任感和道德判断力。

2. 用户参与设计

大学生的反馈机制是用户参与设计的关键,以确保在角色扮演中能够及时收集和应用大学生的意见与建议。这种反馈机制不仅使教学设计更具动态性和灵活性，也使大学生成为教学过程的积极参与者。通过不断调整和优化角色扮演的内容和形式，教育者可以更好地满足大学生的学习需求，提升他们的网络素养水平。

在用户参与设计中要鼓励大学生在模拟过程中进行讨论和协作，以提升团队合作能力。这种互动性不仅增强了大学生的学习体验，也为他们提供了一个安全的环境去探索和实践网络素养的各个方面。通过团队合作，大学生能够分享各自的观点和经验，从而在集体智慧的基础上形成更全面的理解和解决方案。

三、情景模拟教学法在网络素养教育中的应用

(一) 提升网络互动能力的情景模拟策略

1. 设计多样化的互动场景

通过设计多样化的互动场景，情景模拟教学法能够有效地帮助大学生提升网络互动能力。通过模拟不同的网络交流环境，大学生可以在实践中逐步提高在线沟通能力和社交技巧。这种方法不仅能让大学生在虚拟环境中体验真实的互动情境，还能帮助他们在面对复杂多变的网络交流时，灵活运用所学技能，达到更高效的沟通效果。通过模拟真实的网络场景，大学生能够在实践中学习如何应对各种网络交流挑战，从而提升其在新媒体环境下的互动能力。

2. 运用角色扮演策略

通过让大学生在模拟中扮演不同的网络角色，他们能够体验到不同角色所需要承担的责任。这种策略不仅增强了大学生对网络互动的理解，还提高了他们在面对各种网络角色时的应对能力。角色扮演的过程让大学生深入了解网络环境中的多样性和复杂性，培养其批判性思维和快速反应能力。在这种沉浸式学习中，大学生能够更好地理解网络互动的本质，并在实际生活中应用这些技能。

3.利用技术工具支持在线协作

通过创建虚拟小组讨论平台,大学生可以在网络环境中体验到团队合作的乐趣与挑战。这种在线协作不仅增强了大学生的团队合作能力,还提高了其在网络环境中的互动效果。在虚拟平台上,大学生能够练习如何在不同的网络背景下进行有效的沟通与合作,培养其在数字时代必备的协作能力。

(二)构建基于情景模拟的多元反馈机制

基于情景模拟的多元反馈机制旨在通过多样化的反馈渠道增强大学生的学习效果。通过在线问卷、讨论论坛和即时反馈等多种方式,大学生能够在模拟过程中获得即时的反馈信息。这种多元化的反馈机制不仅确保了大学生能够及时了解自己的学习状态,还促进了他们对知识的深刻理解和应用能力的提升。

为了进一步增强大学生之间的互动和学习,情景模拟教学法还引入了同伴评估机制。在这个过程中,大学生可以相互评价和反馈,形成一个动态的学习环境。这种机制不仅提高了大学生的参与度和责任感,还促进了他们的批判性思维和沟通能力的发展。同伴评估为大学生提供了一个更加真实的学习情景,使他们能够在实践中应用所学知识,从而增强学习效果。

数据分析工具能够对大学生在情景模拟中的表现进行实时监测,是一种创新的反馈方式。通过这些工具,教师可以为大学生提供个性化的反馈,帮助他们识别自身的优劣势。这种数据驱动的反馈机制不仅提高了教学的精确性,还为大学生提供了一个自我反思和改进的机会。通过个性化反馈,大学生能够更有针对性地调整学习策略,提升自身的网络素养。

教师与大学生之间的反馈循环是多元反馈机制构建的关键内容。通过定期的反思与讨论,教师可以根据大学生的反馈调整教学策略,确保情景模拟的有效性与适应性。这种循环反馈机制不仅提高了教学的灵活性,还促进了师生之间的沟通与理解。通过这种方式,教师能够更加准确地了解大学生的学习需求,从而提供更加有效的指导和支持。

反馈内容的多样性是提升大学生网络素养和学习体验的重要手段,其包括技术性反馈、情感性反馈和策略性反馈在内的多样化反馈内容,为大学生提供了一个全面的学习支持体系。这种多样化的反馈机制不仅帮助大学生提升技术技能,还关注他们的情感需求和策略应用能力。通过全面的反馈体系,大学生能够在情景模拟中获得全方位的发展,提升网络素养和整体学习体验。

第三节 翻转课堂在网络素养教育中的运用

一、翻转课堂的理念、特点及优势

(一)翻转课堂的基本理念与特点

翻转课堂是一种创新的教学模式,强调大学生在课外进行自主学习,在课堂期间进行讨论和实践。这种模式不仅拓展了学习的深度和广度,还有效地利用了课堂时间,促进了大学生的全面发展。翻转课堂的核心在于让大学生成为学习的主体,同时让教师成为引导者和支持者。翻转课堂的实施不仅是教学方法的改变,也是对教育理念的深刻理解和运用。

在翻转课堂中,大学生被鼓励主动参与学习过程,这种方式极大地培养了大学生的自主学习能力和批判性思维。通过自主学习,大学生能够更好地内化知识,并在课堂中应用这些知识,从而促进其网络素养的提升。翻转课堂通过提供多样化的学习资源,满足了大学生个性化的学习需求,使学习过程更具灵活性和适应性。大学生在自主学习中,通过视频、在线课程等多样化的资源,根据自己的学习节奏和兴趣进行深入学习。这种个性化的学习方式极大地增强了大学生的学习体验。

翻转课堂的显著特点是促进师生之间的互动。在传统课堂中,教师往往是知识的传授者,而在翻转课堂中,教师则更多地扮演引导者和支持者的角色。这种角色的转变使师生之间的互动更加频繁和深入,从而提升了教学效果和大学生的参与感。通过这种互动,大学生不仅能够更好地理解和运用知识,还能够在互动中培养自己的合作能力和社交技能。

通过翻转课堂的实施,课堂时间得到了更加有效的利用。大学生在课堂上通过小组讨论和实践活动,不仅能够加深对所学知识的理解,还能够培养合作能力和社交技能。这种通过实践活动和小组讨论来促进学习的方式,使大学生在提升学术能力的同时,在网络素养方面得到了显著的提高。翻转课堂在培养大学生的合作能力和社交技能方面,显示出了其独特的优势,从而为大学生网络素养教育方法创新提供了新的思路和实践途径。

(二)翻转课堂的优势

翻转课堂模式鼓励大学生在课外主动探索与学习,通过观看视频、阅读资料等多样化的学习方式,提升其自主学习的积极性和主动性。大学生可以根据自己的兴趣和需求,选择适合自己的学习材料和进度。这种自主选择的权利极大地激发了大学生的学习热情,使他们在学习过程中更加投入,主动性也随之增强。

翻转课堂为大学生提供了灵活的学习时间和空间。大学生可以根据自身的节奏和生活安排来制订学习计划,这种灵活性允许大学生在最佳的状态下进行学习,从而提高学习效率。通过这种方式,大学生不仅能够更好地理解知识,还能培养良好的时间管理能力和自我学习能力。这种对学习节奏的掌控,使大学生在面对复杂的学习任务时,能够更加从容地处理。

在翻转课堂中,课堂讨论和实践活动成为重要的组成部分。这种互动式的学习环境,促进了大学生对知识的深入理解与应用。在讨论中,大学生被鼓励提出问题、表达观点,这不仅锻炼了他们的独立思考能力,也提升了他们解决问题的能力。通过实践活动,大学生能够将理论知识用于实际情境中,从而加深对知识的理解。这种理论与实践相结合的学习方式,使大学生能够更加全面地掌握所学内容,培养批判性思维和创新能力。

翻转课堂借助在线学习平台,使大学生能够随时随地访问学习资源,这种便利性极大地增强了大学生的自我管理能力。大学生可以利用碎片化时间进行学习,充分利用各种资源进行知识的获取和巩固。这种自主获取资源的能力使大学生在信息爆炸的时代,能够更加有效地筛选和利用信息,并且培养他们的信息素养和数字化学习能力。

翻转课堂强调大学生在学习过程中承担更多责任,鼓励他们主动参与,增强自我驱动的学习能力。在这种教学模式下,大学生需要对自己的学习负责,设定目标,反思学习过程,调整学习策略。这种责任感的培养,使大学生在学习过程中更加主动和积极,增强了他们的自我效能感和内在学习动机。

二、翻转课堂在网络素养教育中的教学设计

(一)翻转课堂的视频资源设计与优化

在视频资源的设计中应注重内容的针对性,确保所选视频能够直接与网络素养相关的知识点相结合,帮助大学生明确学习目标。通过精选与网络安全、信息检索、数字公民等主题相关的视频内容,大学生在观看过程中能够清晰地理解和掌握关键概念。这种针对性的设计不仅提高了教学效率,还能增强大学生对所学内容的深刻理解。

在翻转课堂中,视频资源的多样性设计尤为重要。采用不同类型的媒体形式,如动画、讲解、实操示范等,可以更好地满足大学生的多样化学习需求。每名大学生的学习习惯不同,有些大学生通过视觉学习能够得到更为高效的学习效果,而另一些大学生则通过听觉或动手实践获得更好的理解。因此,多样化的视频资源可以帮助不同类型的大学生更好地吸收知识,提升整体学习效果。这种多样化的设计策略不仅能激发大学生的学习兴趣,还能促进他们的深度思考和创新能力。

视频资源的优化需要关注时长与节奏的合理安排,应将每个视频控制在适宜的时间范围内,避免信息过载,同时吸引大学生的注意力。过长的视频容易导

致大学生的注意力下降,从而影响学习效果。因此,在设计视频时,应根据内容的重要性和复杂性合理安排时长,确保每个视频段落都能有效传递核心信息。此外,节奏的把握也很重要,适当地停顿和强调可以帮助大学生更好地消化和理解视频内容。

为了提高学习的主动性,在视频中融入互动元素是一个有效的策略。通过设置问题引导、实时投票或讨论环节等互动元素,鼓励大学生在观看过程中进行思考和参与。这种互动设计不仅能激发大学生的兴趣,还能促进他们对所学内容的批判性思考和自主探究。通过在视频中加入这些互动环节,大学生能够在学习过程中保持积极地参与状态,从而提升整体的学习效果和网络素养水平。

(二)在线学习任务的组织与管理

为了有效支持大学生的网络素养教育,教师需要精心设计和组织在线学习任务,以确保大学生能够在网络环境中高效学习。通过合理安排学习内容和活动,教师可以帮助大学生在课前充分准备,从而在课堂上进行更深入的讨论和互动。这种方法不仅提升了大学生的自主学习能力,还促进了他们在复杂网络环境中的信息处理和批判性思维能力的发展。

在线学习任务的分层设计是满足大学生个性化需求的重要策略。通过设计不同难度的任务,教师可以确保每名大学生都能在适合自己的水平上进行学习。这种分层设计不仅尊重了大学生的个体差异,还鼓励他们在自己的能力范围内挑战更高难度的任务,从而实现自我超越。此外,分层设计还可以通过提供多种学习路径,帮助大学生发现和发展自己的兴趣和特长,从而提高学习的积极性和参与度。

时间管理是提高学习效率的重要因素。合理安排每个在线学习任务的完成时间,可以帮助大学生制订切实可行的学习计划。在翻转课堂中,教师需要根据大学生的学习节奏和任务的复杂程度,设置适当的时间节点,以避免大学生因任务堆积而产生焦虑。同时,有效的时间管理可以培养大学生的自律能力,使他们在网络学习中保持良好的学习习惯,从而实现长期的学习目标。

任务反馈机制的建立是确保大学生在线上学习中不断进步的关键。教育者及时提供大学生在线上学习任务中的表现反馈，可以帮助他们识别自身的学习进展和改进方向。通过反馈，大学生能够清晰地了解自己的优劣势，从而进行有针对性的调整和提升。在翻转课堂中，教师可以利用多种在线工具提供即时反馈，这不仅提高了反馈的效率，还增强了大学生的学习动机和参与感。

在线学习任务的协作设计是增强大学生合作学习体验的重要途径。通过鼓励大学生在小组中共同完成任务，翻转课堂可以有效提高大学生的社交技能和团队合作能力。在协作学习中，大学生通过相互交流和分享观点，不仅能够加深对学习内容的理解，还能够提升解决问题的能力和培养创新思维。

(三)大学生学习进度监测与评估

第一，建立多层次的学习进度监测系统，定期评估大学生的学习成果，及时调整教学策略。这种灵活的教学方法能够更好地适应不同学习者的需求，确保每名大学生都能在网络素养的学习过程中获得最佳的成长。

第二，利用数据分析工具实时跟踪大学生的在线学习行为。通过数据分析，教育者可以识别出大学生在学习过程中遇到的瓶颈，并提供个性化的指导与支持。这种基于数据的教学策略不仅提高了教学的精准性，也增强了大学生的学习体验。通过对学习数据的深入分析，教师能够更好地掌握大学生的学习习惯和困难点，从而制订更具针对性的教学计划。

第三，采用多元化的评估方式。综合运用自我评估、同伴评估和教师评估的多元评估体系，确保全面了解大学生的网络素养发展情况。这种多角度的评估方法不仅能够帮助大学生更好地认识自己的学习进展，还能激发他们的学习积极性和自主性。同时，通过同伴评估，大学生之间可以相互学习和借鉴，形成良好的学习氛围。

第四，设计有效的学习进度反馈机制，鼓励大学生在学习过程中进行反思与总结，从而提升自我管理能力和学习效果。反馈机制的建立使大学生能够及时了解自己的学习状态，发现不足之处并加以改进。同时，反馈机制为教师提供了宝贵的信息,以便他们能够更好地调整教学内容和方法,促进大学生网络素养的全面提升。

三、翻转课堂在网络素养教育中的实践

(一)翻转课堂中的大学生自主学习引导策略

1. 设定明确的学习目标

明确的学习目标不仅能帮助大学生理解自主学习的重要性,还能具体指出学习过程中需要达成的要求。通过清晰的目标设定,大学生可以更好地规划自己的学习,明确自己在学习过程中的方向和步骤。这种策略不仅增强了大学生的学习动机,还使他们在学习中更加自律和自信。

2. 设计灵活的学习方案

大学生可以根据自己的兴趣和学习节奏选择学习内容,这种个性化的学习方式能够有效地提高学习的效率。通过提供多样化的选择,大学生可以在学习过程中感受到更多的自主性,从而更积极地投入学习中去。这种策略不仅尊重了大学生的个体差异,还能激发他们的内在学习动机。

3. 引入多种学习资源

通过视频、文章、在线课程等多样化的学习材料,大学生能够根据自己的学习习惯和需求进行选择与探索。这种资源的多样性不仅丰富了大学生的学习体验,还能激发他们的好奇心和探索欲。通过主动探索,大学生能够更好地理解和掌握学习内容,从而拓展学习的深度和广度。

4. 建立学习互助社区

在学习社区,大学生可以分享自己的学习经验,讨论学习中的难题,互相启

发和支持。通过这种互动,大学生不仅能够加深对学习内容的理解,还能培养团队合作和沟通能力。这种社交性的学习方式能够使大学生在学习过程中感受到集体的力量和支持,从而增强学习的动力。

(二)线上线下互动相结合的教学活动设计

通过将线上与线下的教学活动相结合,可以有效地提升大学生的参与度和学习效果。线上活动为大学生提供了自由表达和交流的空间,线下活动为大学生提供了实践和应用知识的机会。这样的设计不仅能够满足大学生多样化的学习需求,还能培养他们的批判性思维和创新能力。

线上讨论会是促进大学生参与和互动的有效方式。在上课前,教师可以通过在线平台组织大学生围绕网络素养主题进行讨论,鼓励他们分享自己的理解与观点。这种形式的讨论会不仅能够激发大学生的思考,还能够增强他们的表达能力和自信心。此外,大学生在讨论中能够接触多元化的观点,拓宽他们的视野,这为线下课堂的深入探讨奠定了基础。

线下实践活动是线上学习的延伸和补充。通过组织网络安全知识竞赛等活动,大学生可以在实际操作中提升团队协作能力和实战经验。小组合作的形式不仅培养了大学生的合作精神,还增强了他们解决实际问题的能力。这种实践活动为大学生提供了一个将理论知识用于实践的机会,以帮助他们更好地理解和掌握网络素养的核心概念。

线上学习与线下工作坊相结合的教学设计,能够有效促进知识的应用与交流。大学生在课后利用网络资源进行研究,并在线下工作坊中展示研究成果。这一过程不仅锻炼了他们的信息搜集和分析能力,还增强了他们的表达和展示技巧。通过这样的学习方式,大学生能够将所学知识转化为实际能力,从而增强学习的实效性。

(三)学习进度实时反馈与个性化辅导

1.建立实时学习进度监测系统

通过在线学习平台,教师可以收集大学生的学习数据,及时了解他们的学习状态和进展。这种实时监测不仅有助于教师掌握大学生的整体学习动态,还能发现大学生在学习过程中遇到的困难和挑战。通过数据的实时反馈,教师可以迅速调整教学策略,确保每名大学生都能跟上课程进度。

2. 设计个性化学习反馈机制

根据每名大学生的学习表现,教育者提出具体的建议和改进计划,帮助大学生更好地理解和掌握所学内容。个性化反馈不仅能够使教师指出大学生的不足,还能发现他们的优点和进步,激发学习兴趣。通过这种方式,大学生能够更清晰地认识自己的学习状况,并在教师的指导下制订切实可行的学习计划,从而实现自我提升。

3. 利用数据分析工具

数据分析工具能够对大学生的学习行为进行深入分析,识别出学习过程中的瓶颈,并提供针对性的辅导。通过分析大学生的学习轨迹、参与度和测试结果,教师可以准确定位大学生在学习中遇到的困难点,并提供专门的辅导方案。这种基于数据的辅导策略,能够有效地帮助大学生突破学习瓶颈,提高学习效率。同时,教师能通过数据分析,优化教学内容和方法,为大学生提供更优质的教育资源。

4. 定期开展一对一的学习辅导会议

在一对一的学习辅导会议中,教师与大学生共同讨论学习目标和进度,帮助大学生制订切合实际的学习计划。通过面对面的交流,教师可以更深入地了解大学生的需求和困惑,提供更具针对性的指导。同时,这种互动能够增强大学生的学习责任感和自主性,使他们在学习过程中更加积极。

5. 创建学习日志

通过记录学习过程中的反思与收获,大学生能够更好地了解自己的学习习惯和效果。学习日志不仅促进了大学生的自我反思能力,还提高了他们的自主学习能力。在记录和反思中,大学生可以不断调整自己的学习策略,逐步形成良好的学习习惯和独立解决问题的能力。

第四节　项目式学习在网络素养教育中的推广

一、项目式学习的理念与特点

项目式学习通过实际项目的实施促进大学生主动参与和深度学习。这种教育理念强调大学生在学习过程中不只是知识的接收者,也是知识的创造者和应用者。项目式学习通过设计真实的项目任务,使大学生在解决这些任务的过程中,能够自主探究和反思,从而提升其自主学习能力。

项目式学习通过团队合作的方式,培养大学生的沟通能力、协作精神和社会责任感。在项目实施过程中,大学生需要与团队成员进行有效的沟通和协作,共同制订计划、分配任务、解决问题。这种团队合作的学习方式不仅提高了大学生的沟通技巧和团队协作能力,还增强了他们的社会责任感和集体意识。在新媒体环境下,大学生需要具备良好的团队合作能力,以应对复杂的社会挑战和多变的职业环境。

项目式学习使大学生能够在实践中提升解决问题的能力和激发创新思维。通过参与真实的项目,大学生能够将理论知识用于实际情境中,体验从问题发现到解决的全过程。这种实践体验不仅帮助大学生加深了对所学知识的理解,还激发了他们的创新思维和创造力。

二、构建网络素养教育项目的有效策略

(一)项目式学习与网络素养目标的结合策略

项目设计必须围绕网络素养的核心技能展开,这些技能包括信息检索、数据

分析和网络安全意识。这些技能不仅是大学生在学术和职业生涯中取得成功的基础,也是他们在数字化时代有效参与社会活动的必备素质。在项目开展过程中,大学生通过实践活动深入理解这些技能的重要性,并在真实情景中应用所学知识,从而实现学习目标。

通过模拟真实的网络环境,项目式学习应鼓励大学生探索如何在社交媒体、在线学习和信息共享中应用网络素养知识。这种模拟环境为大学生提供了一个安全的空间,以帮助他们在错误中学习并改进。这使大学生能够在模拟中体验到网络行为的益处,从而更好地理解网络素养的重要性。此外,这种方法还能够激发大学生的学习兴趣,提高他们的参与度和主动性,使他们更愿意投入时间和精力去探索和掌握复杂的网络技能。

项目式学习应结合技术、伦理和社会学等领域知识,帮助大学生全面理解网络行为的多维影响。通过跨学科的整合,大学生能够从不同的角度分析和解决问题,培养批判性思维和创新能力。技术的快速发展使伦理问题也随之而来,因此大学生需要在项目中学习如何平衡技术应用与伦理责任。在这样的学习过程中,大学生不仅提升了网络素养,还增强了对社会问题的敏感性和责任感。

在项目实施过程中应设置反思环节,鼓励大学生总结经验教训,提升对网络素养重要性的认识和理解。反思是学习的重要组成部分,它帮助大学生内化所学知识,并将其用于新的情境中。通过反思,大学生能够了解自己的长处和不足,制订改进计划,以便在未来的学习和工作中更好地应用网络素养。此外,反思环节还促进了大学生的自我认知和成长,以使他们在不断变化的数字世界中保持竞争力。

(二)跨学科融合与网络资源的有效利用

跨学科融合通过整合不同学科的知识与技能,帮助大学生在面对网络素养相关问题时,能够具备多维度的视角与解题能力。这种融合能够促进大学生综合能力的提升。

网络资源为大学生提供了丰富的学习材料与工具,增强了其自主学习的机会。通过网络,大学生不仅能获取最新的与网络素养相关的信息,还能在项目学习中不断更新自己的知识体系。网络资源为大学生提供了一个广阔的学习平台,这使他们能够在项目式学习中充分发挥主动性和创造力。在这种学习模式下,大学生不仅是知识的接受者,也是知识的探究者和创造者。

跨学科团队的协作机制在项目式学习中扮演着重要角色。教师通过这种机制实现资源共享与经验交流,从而提升教学效果,确保网络素养教育的多样性与创新性。这种协作不仅有助于教师自身的专业发展,也为大学生提供了更丰富的学习体验。在跨学科团队的支持下,大学生能够接触到不同学科的视角与方法,激发创新思维,培养在多学科背景下解决问题的能力。

在项目学习中,鼓励大学生主动探索与利用网络资源,是培养其信息检索与评估能力的重要途径。通过这种方式,大学生在复杂的网络环境中能够更好地应对各种挑战,增强自信心。

(三)网络素养项目的动态评估与改进机制

网络素养项目的动态评估与改进机制旨在通过持续的评估和反馈,确保教育项目的有效性和适应性。为了实现这个目标,建立基于大学生学习数据的动态评估系统显得尤为重要。通过实时监测大学生在网络素养项目中的表现,教育者可以及时获取有关大学生学习进展的详细信息。这种数据驱动的评估方式不仅能够帮助教师调整教学策略,还能为大学生提供个性化的学习支持,确保每名大学生都能在其网络素养能力上得到提升。

为了使评估过程更加透明和公正,教育者应设定明确的评估指标和标准。通过清晰的评估标准,大学生能够明确了解自己的学习进展和需要改进的方面。这种透明性不仅增强了大学生的学习动机,也使教师在评估过程中更加客观。此外,定期组织反馈会议也是促进项目改进的重要手段。在这些会议中,大学生可以分享他们的学习体验和建议,这不仅有助于项目的持续优化,也为大学生提供了一个表达和交流的平台。通过大学生的积极参与,教育项目能够更好地适应大学生的需求和新媒体环境的变化。

三、评价与反馈机制在项目式学习中的应用

(一)项目式学习中的多维度评价指标

1. 信息获取与分析能力

在现代信息社会中,大学生需要具备高效的信息获取与分析能力,这不仅包括对网络资源的有效使用,还包括对信息的真实性和相关性的判断。通过设计具体的评估标准,大学生可以在项目中不断提升信息素养,从而使自身更好地适应新媒体环境下的信息挑战。

2. 团队合作与沟通能力

在项目实施过程中,大学生往往需要与同伴密切协作,这不仅考验他们的沟通技巧,还需要团队合作的协调能力。通过对大学生在项目中的合作表现进行评估,可以促进其团队意识的培养和沟通能力的提升。这种能力在新媒体时代显得尤为重要,因为大学生需要在虚拟环境中高效地与他人互动和协作。

3. 问题解决能力

在项目中,大学生常常面临各种实际问题,这需要他们具备良好的分析、判断与制订解决方案的能力。通过对大学生在项目中的问题解决过程进行评估,可以帮助他们更好地理解和应对复杂问题。这不仅有助于培养大学生的创新思维,还有助于提升他们在新媒体环境下的实践能力。

4. 反思与自我评估能力

在项目结束后,鼓励大学生对自身学习过程与结果进行反思与总结,可以帮助他们认识到自身的优点与不足,从而在未来的学习中加以改进。这种能力的培养能够激发大学生的内在学习动机,并促进其自我导向学习能力的提升。

(二)大学生自主反馈与同伴评价机制

大学生自主反馈机制能够鼓励大学生在学习过程中定期记录和反思自己的学习体验,这不仅提高了大学生的自我认知能力,也促进了学习效果的提升。在新媒体环境下,大学生面临的信息量巨大且复杂,自主反馈机制帮助他们厘清思路,明确学习目标。通过这种机制,大学生能够更好地认清自身在网络素养学习中的不足,从而加以改进,实现自我提升。

同伴评价系统能够促进大学生之间的互评,增强学习的互动性和合作精神。在同伴评价过程中,大学生通过对他人工作的评价,能够从不同角度理解网络素养的应用。这种多元化的视角不仅丰富了大学生的知识体系,也培养了他们的批判性思维能力。在同伴评价的过程中,大学生不仅是学习者,也是评估者。这种角色的转换不仅使他们更认真地对待学习任务,也提高了他们的责任感和团队合作能力。

在技术工具的帮助下,收集和分析大学生反馈数据变得更加高效和精准。通过利用这些数据,教师可以及时调整教学策略,以适应大学生的个性化学习需求,从而提升整体学习效果。技术工具的应用不仅使反馈机制更加科学化,也为大学生提供了多样化的反馈渠道,提升了他们参与反馈的积极性。通过数据分析,教师能够更好地了解大学生的学习动态,为后续的教学设计提供科学依据,最终实现网络素养教育的个性化和高效化。

(三)教师指导反馈与改进建议

在项目式学习中,教师应定期与大学生进行一对一的指导会议,了解大学生在学习过程中的困惑与需求,从而提供个性化的建议与支持。这种个性化的指导能够帮助大学生更好地理解学习内容,并在遇到困难时获得及时的帮助。此外,教师通过与大学生的直接交流,可以更好地了解大学生的学习状态和心理需求,从而在教学过程中进行适时的调整。这种互动不仅有助于提升大学生的学习效果,也有助于教师提升自身的教学能力。

教师与大学生之间的互动渠道是项目式学习中不可或缺的一部分。通过鼓励大学生主动反馈学习体验,教师能够及时调整教学策略和内容。通过多样化的互动方式,如线上论坛、即时通信工具等,教师可以随时了解大学生的学习进展和反馈意见。这种互动机制不仅能够提高大学生的参与度和积极性,还能够帮助教师发现教学中的不足之处,从而进行改进。此外,大学生在反馈过程中也能锻炼自己的表达能力和批判性思维,为其未来的学习和发展奠定基础。

教师在项目式学习中应设计多样化的评价标准,以确保对大学生在不同学习阶段的表现进行全面评估。多样化的评价标准可以包括大学生的参与度、创新能力、合作精神等多个方面。通过这种全面的评估方式,教师能够更准确地了解大学生的优劣势,并针对性地给予指导。这种评价机制不仅能够促进大学生的持续进步,还能激发大学生的学习动力和创造力。同时,大学生在评价过程中能清晰地认识到自身的进步与不足,从而积极调整自己的学习策略。

教师还应积极参与学习社区的建设,分享教学经验和资源,以便有效增强教师之间的合作。在学习社区中,教师可以互相交流教学心得,分享成功案例和资源,从而共同提升教学水平。这样的合作不仅能够帮助教师在教学中获得更多的灵感和支持,还能促进教学方法的创新和发展。此外,通过学习社区的建设,教师也能更好地适应新媒体环境下的教学需求,不断提升自身的专业素养和网络素养教育能力。

参考文献

[1]曾振华.大学生网络素养教育[M].天津:天津科学技术出版社,2023.

[2]武峥.大学生网络素养教育机制研究[M].长春:吉林大学出版社,2023.

[3]肖丽玲.大学生网络素养教育内容、载体与机制研究[M].长春:吉林大学出版社,2020.

[4]张爱秀,郭岩然.大学生媒介素养提升[M].北京:北京理工大学出版社,2023.

[5]黄常青.互联网+信息素养教育[M].长春:吉林出版集团股份有限公司,2022.

[6]杨振权,雷亚旭.现代大学生综合素养研究[M].北京:九州出版社,2023.

[7]杨敏,曾德锦.网络素养培养与大学生成长研究[M].北京:北京工业大学出版社,2021.

[8]支岭.高校信息素养教育体系构建研究[M].延吉:延边大学出版社,2020.

[9]姜嘉.大学生网络文明素养培育研究[M].北京:九州出版社,2019.

[10]徐晶.大学生网络素养培育研究[M].沈阳:辽宁人民出版社,2024.

[11]解红晖.新时代大学生网络素养培育研究[M].长春:吉林大学出版社,2020.

[12]杭孝平.网络素养研究:第2辑[M].北京:中国国际广播出版社,2023.